工业和信息化"十三五"人才培养规划教材

吴丰 / 编著

移动端 APP UI
设计与交互基础教程 微课版

Mobile APP UI Design and Interaction Basic Course

人民邮电出版社
北京

图书在版编目（CIP）数据

移动端APP UI设计与交互基础教程：微课版 / 吴丰
编著. -- 北京：人民邮电出版社，2019.2
工业和信息化"十三五"人才培养规划教材
ISBN 978-7-115-50184-4

Ⅰ．①移… Ⅱ．①吴… Ⅲ．①移动电话机—应用程序
—程序设计—高等学校—教材 Ⅳ．①TN929.53

中国版本图书馆CIP数据核字(2018)第265302号

内 容 提 要

本书基于 UI 设计师所需的岗位技能，面向行业发展需要，聚焦岗位工作流程，将设计原理、设计规范、实现方法和经验技巧融入整个知识体系。以 Photoshop 为工具由浅入深地讲解 UI 图标设计、APP 组件设计与实现，以及原型图绘制软件 Axure 常见的交互操作。本书重点以"UI 社"APP 产品开发过程为例，再现前期调研、竞品分析、功能需求确定、原型图绘制、视觉规范设计、页面效果图制作、标注和切图等各环节工作流程和思维过程，使读者对 UI 设计师岗位和整个行业有清晰认识和判断，并掌握 UI 设计岗位所需的操作技能。

本书共分 6 章，明确的学习目标和无缝衔接的知识体系有助于读者理论和实践能力的同步提高。本书可作为应用型本科、高职高专，以及其他各类院校计算机相关专业的教材，也可供希望从事 UI 设计和交互设计的读者自学使用。

♦ 编　著　吴　丰
　　责任编辑　范博涛
　　责任印制　马振武

♦ 人民邮电出版社出版发行　　北京市丰台区成寿寺路 11 号
　　邮编　100164　　电子邮件　315@ptpress.com.cn
　　网址　http://www.ptpress.com.cn
　　河北画中画印刷科技有限公司印刷

♦ 开本：787×1092　1/16
　　印张：9.5　　　　　　　　　　2019 年 2 月第 1 版
　　字数：204 千字　　　　　　　2019 年 2 月河北第 1 次印刷

定价：49.80 元

读者服务热线：(010)81055256　印装质量热线：(010)81055316
反盗版热线：(010)81055315
广告经营许可证：京东工商广登字 20170147 号

前言

随着移动端设备的快速发展，基于移动端设备的 APP 也层出不穷，这也使得针对移动端 APP 的 UI 设计和交互设计成为这几年的热门设计方向和就业热点。本书面向行业发展需要，聚焦岗位工作流程，将设计原理、设计规范、实现方法和经验技巧融入整个知识体系，让读者对 UI 设计师这一岗位和整个行业有清晰的认识和判断，并掌握 UI 设计师岗位所需的操作技能。

本书概览

本书共分 6 章，根据 UI 设计的工作流程将所需知识无缝衔接，每章目标明确，使读者的理论知识和实践能力同步提高。

第 1 章：APP UI 设计与交互概述。主要从全局层面介绍 UI 设计与交互的基本概念和工作流程，使读者对 UI 设计和交互设计有初步认识。

第 2 章：UI 图标设计。分类讲解线性图标、剪影类图标、扁平化图标、长阴影图标和拟物类图标的制作要点，着重巩固 Photoshop 软件在 UI 设计岗位中常用的操作方法。

第 3 章：常见 APP 组件的设计与实现。主要讲解移动端界面中除图标外，其他使用频率高、操作性强的组件。通过对按钮、滑动条、表单和数据图表等组件的设计和制作，进一步提高 Photoshop 软件的熟练程度，掌握常见组件的设计要点和注意事项，为后续整个 APP 产品各界面的设计做铺垫。

第 4 章：交互设计与原型图绘制。依托原型图绘制软件 Axure，使读者从产品经理的角度出发，从零开始对产品进行构思设计，并对工作流程中联系紧密的多个岗位之间的衔接有全局的认识。最终，使读者可使用 Axure 完成诸如页面跳转、左右滑动、上下滚动、菜单、表单验证等常见交互效果的操作。

第 5 章：APP 界面设计与实战。在讲解 APP 设计规范的基础上，选取"UI 社"APP 虚拟项目，按照真实的产品开发流程，从产品前期的市场背景调研开始，经过确立产品用户群体、对同类产品进行竞品分析、确定"UI 社"功能需求、完成原型图绘制、设计产品视觉规范，以及完成首页和各页面效果图制作等一系列工作流程。

第 6 章：标注与切图。主要讲解在效果图制作完成的基础上，后续标注与切图环节的基本知识、操作方法和工作经验。通过学习本章的内容，使读者掌握标注和切图的规范操作，完成设计图稿的交付工作，为后续程序开发还原效果图奠定基础。

本书特色

本书可作为应用型本科、高职高专，以及其他各类院校计算机相关专业的教材，也可供希望从事 UI 设计和交互设计的读者自学使用。本书理论内容讲解清晰，语言通俗易懂，实践性案例讲解到位，工作流程拆解明晰。主要具有以下特点。

➢ 专注技能知识：本书所涉及的内容均是 UI 设计工程师岗位必不可少的知识，通过学习，读者能够达到岗位需求的基本要求，为读者节省学习时间和成本。

➢ 案例贴近生活：本书选用的小型案例贴近年轻人的日常生活，大型案例贴近真实的工作场景，递进的案例不仅能提高读者的学习兴趣，而且还能为读者积累工作经验。

➢ 共享工作经验：本书在讲解容易出错的内容时，均有工作经验分享，使读者不仅学会实现方法，而且能学习借鉴他人思路。

➢ 配套资源方便：本书提供全套源文件、PPT 课件、课时授课计划和学期授课计划，读者可以从人邮教育社区（http://www.ryjiaoyu.com/）下载。

➢ 视频资源精致：本书配套课程授课视频与本书相辅相成，读者可以通过扫描书中二维码直接在线观看，以便提高学习效率。

教学安排

本书的参考学时为 60 学时，为了方便教师组织教学，这里列出各章拟完成的学习任务，仅供参考。

序　号	章节内容	难　度	学时分配		
			理　论	实　践	小　计
第 1 章	APP UI 设计与交互概述	★☆☆☆☆	1.5	0.5	2
第 2 章	UI 图标设计	★★★☆☆	4	8	12
第 3 章	常见 APP 组件的设计与实现	★★☆☆☆	4	6	10
第 4 章	交互设计与原型图绘制	★★★☆☆	6	6	12
第 5 章	APP 界面设计与实战	★★★★★	6	10	16
第 6 章	标注与切图	★★☆☆☆	4	4	8
合　计					60

致谢与反馈

本书由吴丰编著，在整个编写过程中，感谢家人的理解和支持，感谢出版社的所有编审人员为本书的出版所付出的辛勤劳动。由于水平有限，书中难免存在疏漏和不妥之处，敬请广大读者批评指正，以便于修订使之更加完善，诚挚希望与读者共同交流，共同成长。

吴丰联系方式：413101130@qq.com。

编者：

目　录

第1章　APP UI设计与交互概述…001

1.1 UI设计行业的发展前景………002
　1.1.1 认识相关概念…………002
　1.1.2 就业前景…………003
1.2 如何学习UI设计………004
　1.2.1 UI设计师的常用软件介绍
　　　…………004
　1.2.2 UI设计师的设计理论知识储备
　　　…………006
1.3 UI设计理论基础………006
　1.3.1 色彩三要素…………006
　1.3.2 UI设计配色基础…………007
1.4 APP页面分类及其作品欣赏…009
1.5 浅析APP产品开发流程……013
1.6 职场经验分享………015
1.7 学习反思………016

第2章　UI图标设计………017

2.1 初识移动设备尺寸及其
　　相关概念………018
　2.1.1 px、pt和ppi等相关概念…018
　2.1.2 iPhone机型屏幕
　　　尺寸规格…………018
2.2 UI图标设计………019
　2.2.1 图标的分类…………019
　2.2.2 常见存储格式与图标尺寸…021
　2.2.3 APP启动图标的常见创意
　　　设计方法…………022
2.3 线性图标………023
　2.3.1 线性图标概述…………023

2.3.2 线性图标的制作
　　　（Wi-Fi图标）…………024
　2.3.3 课堂巩固练习(Keep图标)…026
2.4 剪影类图标………026
　2.4.1 剪影类图标概述………026
　2.4.2 剪影类图标的制作
　　　（抖音APP图标）…………027
　2.4.3 课堂巩固练习（微信图标）…030
2.5 扁平化与长阴影类图标………030
　2.5.1 知识点概述………030
　2.5.2 扁平化与长阴影类图标的
　　　制作（指南针图标）…………031
　2.5.3 课堂巩固练习
　　　（一组扁平化图标）…………034
2.6 拟物类图标的制作………035
　2.6.1 知识概述………035
　2.6.2 拟物类图标的制作
　　　（木纹质感翻页日历）…………035
　2.6.3 课堂巩固练习
　　　（拟物齿轮）…………040
2.7 学习反思………041

**第3章　常见APP组件的设计与
　　　实现………043**

3.1 UI Kit概述………044
3.2 按钮………044
　3.2.1 按钮概述…………044
　3.2.2 按钮的按压状态…………046
　3.2.3 按钮的种类…………046
　3.2.4 按钮的设计要点…………048
　3.2.5 扁平化按钮的制作…………049

3.2.6　质感按钮的制作 ·············050

3.2.7　课堂巩固练习

　　　（水晶按钮）·············055

3.3　滑动条 ·····················055

3.3.1　扁平滑动条的制作 ·········055

3.3.2　质感滑动条的制作 ·········056

3.3.3　课堂巩固练习

　　　（QQ音乐播放器）·······059

3.4　表单 ·······················059

3.4.1　表单结构与设计要点·········059

3.4.2　单选按钮与复选框的制作····061

3.4.3　文本框与下拉框的制作·······063

3.4.4　课堂巩固练习

　　　（反馈页表单）·············064

3.5　数据图表 ···················065

3.5.1　认识数据图表 ···········065

3.5.2　数据图表的制作·········067

3.5.3　课堂巩固练习

　　　（环形数据图表）·········071

3.6　学习反思 ···················072

第4章　交互设计与原型图绘制　073

4.1　初识交互设计 ···············074

4.1.1　交互设计概述 ···········074

4.1.2　产品开发中的层级关系·····075

4.1.3　相关工作经验 ···········076

4.2　初识产品原型 ···············077

4.3　原型制作工具——Axure RP　078

4.3.1　Axure RP 界面认知·······078

4.3.2　Axure RP 基本操作·········079

4.3.3　绘制手机原型存放于自己的

　　　元件库 ···············081

4.3.4　多页面巩固练习（金融类 APP

　　　原型图绘制）·············083

4.4　Axure RP常见的交互应用 ···084

4.4.1　页面跳转 ···············084

4.4.2　引导页左右滑动效果·······085

4.4.3　长页面上下滚动效果·······088

4.4.4　弹出消息框效果·········090

4.4.5　侧边栏菜单滑入效果·······093

4.4.6　表单验证与登录交互·······095

4.5　学习反思 ···················099

第5章　APP界面设计与实战 ···100

5.1　认识APP应用程序及其

　　相关概念 ·················101

5.1.1　常见术语 ···············101

5.1.2　常见手机屏幕尺寸·······103

5.2　设计规范 ···················106

5.2.1　iOS 设计规范···········106

5.2.2　Android 设计规范········107

5.2.3　边距与间距 ···········108

5.2.4　内容布局 ···········110

5.2.5　常用颜色 ···········111

5.3　APP项目实战——"UI社"

　　APP产品设计与实现 ········111

5.3.1　产品定位与背景简要分析····111

5.3.2　竞品分析 ···············112

5.3.3　"UI社"产品架构梳理·······117

5.3.4　绘制低保真原型图·········118

5.3.5　"UI社"APP的视觉规范······119

5.3.6　APP 产品启动图标的制作···121

5.3.7　"引导页"效果图制作·······121

5.3.8　"登录页"效果图制作········122

5.3.9 "首页"效果图制作 ………… 122

5.3.10 "发现页"效果图制作 …… 123

5.3.11 "上传页"效果图制作 …… 123

5.3.12 "动态页"与"动态详情页"

效果图制作 ……………… 123

5.3.13 "我的页"效果图制作 …… 124

5.3.14 其他页面效果图 ………… 125

5.4 学习反思 ………………… 126

第6章 标注与切图 ………… 128

6.1 标注 ………………………… 129

6.1.1 标注工具介绍 …………… 129

6.1.2 Markman（马克鳗）的

使用方法 ………………… 130

6.1.3 标注哪些信息 …………… 132

6.1.4 "UI 社" APP 项目"引导页"

标注 ……………………… 132

6.1.5 "UI 社" APP 项目"登录页"

标注 ……………………… 133

6.1.6 "UI 社" APP 项目"首页"

标注 ……………………… 134

6.1.7 "UI 社" APP 项目"教程列表页"

标注 ……………………… 134

6.2 切图 ………………………… 135

6.2.1 切图概述 ………………… 135

6.2.2 图片资源命名规范 ……… 136

6.2.3 切图工具——Cutterman … 136

6.2.4 iOS 平台与 Android 平台下的

切图 ……………………… 137

6.2.5 点 9 图 …………………… 140

6.3 学习反思 ………………… 142

第 1 章

APP UI 设计与交互概述

【 本章导读 】

  随着技术的不断发展，产品生产领域中人性化意识得到不断增强，越来越多的企业开始注重用户界面和用户体验，这使得兼具艺术设计、程序开发、市场调查、心理学分析等诸多综合能力的"UI 设计师"映入人们眼帘，并具有十分广阔的职业前景。本章从职业发展角度出发，立足岗位需求，向读者介绍有关 UI 设计与交互所涉及的入门知识。

【 学习目标 】

  ◇ 认识 UI 设计的相关概念，及其行业发展前景。

  ◇ 了解如何学习 UI 设计。

  ◇ 掌握 UI 设计的理论知识。

  ◇ 了解 APP 产品开发的项目流程，并了解"UI 设计师"在工作过程中的岗位职能。

1.1 UI设计行业的发展前景

UI（User Interface，用户界面）设计是近几年热门的新兴设计方向，它所涵盖的领域也十分广泛，鉴于涉及的内容很多，本书所讲授的内容均限定为移动端 APP 的 UI 设计。

1.1.1 认识相关概念

1. UI

UI 设计是指对软件的人机交互、操作逻辑、界面美观的整体设计。而 UI 设计师并不是单纯从事美工工作，还需要定位软件的使用对象、使用环境、使用方式并且最终为用户服务。就工作过程而言，UI 设计师需要完成的是一个不断为用户设计视觉效果并使之满意的过程。

目前，手机、网页、游戏、汽车中控和家电等各类产品中都能见到 UI，UI 设计工作也越来越被重视，如图 1-1 所示。

图 1-1　多种 APP 的不同 UI

2. ID（Interaction Design，交互设计）

交互是指人和机器互动的过程，交互设计通过了解人的心理、目标和期望，使用有效的交互方式来让整个过程可用、易用。交互设计的主要对象是人机界面。

3. UE（User Experience，用户体验）

UE 是指用户使用一个产品时的全部体验，这种体验主要来自用户和人机界面的交互过程。由于个体差异决定了这种主观的体验无法通过其他途径完全模拟或再现，因此对于特定的人群，其用户体验的共性内容是可以通过良好的设计来获取的。

现在的产品设计都注重"以用户为中心"的设计理念，用户体验设计从产品开发初期就介入整个流程，并贯穿始终。其目的就是确保对用户体验有正确的评估，确保用户的真实期望能正确表达，确保产品核心功能需要修正时能控制成本，以及确保产品功能与用户交互时的协调性。

4. 移动端 UI 的操作系统

UI 设计师的主要工作就是设计并制作出符合用户需求的 APP 界面。由于 APP 软件适用的操作系统不同，其设计规范也不同，所以首先需要了解市面上已有的移动操作系统。

据消费调研机构凯度消费者指数（Kantar Worldpanel）统计，目前移动操作系统份额占比为：Android 占 77.1%，iOS 占 22.1%，Windows 占 0.3%，其他操作系统占 0.5%。为此，本书后续课程将重点围绕 Android 和 iOS 两个系统进行讲解。

（1）Android

Android 是一个以 Linux 为基础的半开源操作系统，主要用于移动设备，其系统界面如图 1-2（a）所示。由于 Android 设备具有开源特性，市面上 Android 移动设备的屏幕尺寸多种多样，这也给 UI 设计师带来适配各类机型的困扰。

（2）iOS

iOS 是由苹果公司开发的移动操作系统，应用于 iPhone、iPod Touch、iPad 及 Apple TV 等产品上，其系统界面如图 1-2（b）所示。

（3）Windows

Windows 10 是美国微软公司研发的新一代跨平台和设备应用的操作系统，其系统界面如图 1-2（c）所示。

（a）基于 Android 的 Flyme 系统界面　　　（b）iOS 10 系统界面　　　（c）Windows 10 移动系统界面

图 1-2　移动端 UI 的操作系统

1.1.2　就业前景

在了解了 UI 的相关知识后，如果想成为一名优秀的 UI 设计师，需要具备怎样的知识背景呢？怎样才能拥有较好的发展规划和薪酬呢？下面从主流招聘网站上检索"UI 设计师"关键词，查看检索出的职位数量和岗位要求并加以分析，具体见表 1-1。

表1-1　主流招聘网站职位需求量对比

招聘网站	UI 设计师职位需求数量	核心工作内容	核心岗位要求
智联招聘	5936 个	1. 负责互联网产品、移动终端界面的 UI 设计和创意； 2. 与产品团队配合共同参与产品设计、进行可用性测试、完善用户体验，实现产品视觉设计及交互流程的迭代优化； 3. 收集和分析用户对于 UI 的需求，并维护现有的应用软件产品	1. 熟练使用 Photoshop、Illustrator、原型设计工具 Axure、切图和标注等常用软件； 2. 有创新能力、较强的审美能力、设计创意和良好的理解能力； 3. 基本了解 HTML5、CSS3 等新的 Web 界面技术，熟悉 CSS 者优先
前程无忧	7732 个		

备注: 数据参考时间点 2019 年 1 月 12 日，地域范围是北京、上海、广州、深圳、杭州；
初次任职初级 UI 设计师薪酬 6000~8000 元 / 月，初次任职中高级 UI 设计师薪酬 10000~15000 元 / 月

　　从表 1-1 中可以看出对 UI 设计师这一岗位的需求量很大，且主要工作内容分为三大部分，即研究工具（通过 Photoshop 和 Illustrator 等软件设计外观），研究人与界面的关系（即产品的交互设计），以及研究人（通过各种用户测试，反馈设计的合理性和美观性）。此外，如果求职者拥有 HTML5 和 CSS3 等 Web 前端知识储备，还会在应聘时得到优先考虑。

　　综上所述，可以初步了解 UI 设计师是一个涵盖诸多领域的职位，也越来越要求从业人员同时具备跨学科、综合性的理论素养和实际操作能力。

　　在了解了职业发展方向后，要想真正成为一名合格的 UI 设计师，应该首先学习哪些知识呢？下面从全局角度向读者介绍如何学习 UI 设计。

1.2　如何学习UI设计

1.2.1　UI 设计师的常用软件介绍

　　移动端 UI 设计师常用的软件有 Photoshop、Illustrator、Axure、Cutterman 和 Markman 等，如图 1-3 所示。这里仅对工作中常见的软件做简单介绍，而在实际工作中同类型的工具可以协同使用，并非只局限于上述几款软件。

（a）Photoshop　　（b）Illustrator　　（c）Axure　　（d）Cutterman　　（e）Markman

图 1-3　UI 设计师的常用软件

1. Photoshop

Photoshop 是 Adobe 公司旗下最为出名的图像处理软件之一，目前 Photoshop CC

系列有多个版本，具有全新的智能型锐利化、可编辑的圆角矩形，以及改善的文字样式等诸多功能，能使 UI 设计师事半功倍。工作中，UI 设计师主要使用 Photoshop 制作各个页面的效果图和图标。

2. Illustrator

Illustrator 是 Adobe 公司出品的一款多媒体标准矢量软件，广泛应用于印刷出版、海报书籍排版、专业插画、多媒体图像处理和互联网页面制作等领域。工作中，UI 设计师可以使用 Illustrator 制作矢量图标。

3. Axure

Axure 是美国 Axure Software Solution 公司的旗舰产品，是一个专业的快速原型设计工具。它的主要功能是能够快速创建应用软件或 Web 网站的线框图、流程图、原型和规格说明文档。工作中，UI 设计师主要使用 Axure 绘制低保真原型图和高保真交互原型图。

4. MockingBot（墨刀）

MockingBot 是一款在线的原型工具，旨在帮助产品经理和 UI 设计师快速构建移动应用产品原型，具有云端保存、实时手机预览、支持 iOS 和 Android、多种手势和页面切换特效等特点。

墨刀与 Axure 是两种用户体验不同的原型工具，前者操作方便适用于刚刚入门的初学者，后者则显得更加专业，在具体工作中两款软件均可使用。

5. Sketch

Sketch 是一款适用于 Mac 操作系统的矢量绘图工具，主要用于图标设计和界面设计。它是一个有着出色 UI 的一站式应用，所有需要的工具都触手可及。在 Sketch 中，画布将是无限大小的，每个图层都支持多种填充模式，且有丰富的文字渲染和文本式样。

6. Cutterman

Cutterman 是一款运行在 Photoshop 中的插件，能够自动将用户需要的图层进行输出，以替代传统的手工切图的烦琐流程。它支持各种各样的图片尺寸、格式、形态输出，方便用户在 PC、iOS、Android 等设备上使用。

7. PxCook（像素大厨）

PxCook 是面向设计师的一款免费、交互流畅、全平台支持的标注切图工具软件。它支持对 Photoshop 和 Sketch 中的元素尺寸、元素距离、文本样式和颜色的智能标注，还能智能切图。

8. Ps Play

Ps Play 是一款方便 UI 设计师实时预览效果的 APP 软件。在 Photoshop 的菜单栏中执行"编辑"→"远程连接"命令，在弹出的对话框中进行简单设置，如图 1-4 所示，即可实现 Photoshop 中的制作效果实时在手机端预览，从而更便于 UI 设计师进行设计与修改。需要特别说明的是，若要 Ps Play 远程连接成功，PC 端与手机端必须在同一网段的局域网内才能实现实时预览。

图 1-4　开启远程连接

1.2.2　UI 设计师的设计理论知识储备

成为一名"会制作"的 UI 设计师很容易，但要成为一名"有思想"的 UI 设计师除了要熟练操作多种软件外，在设计理论层面也应该有多方面的涉猎。由于篇幅所限，这里仅对学习方向进行简单介绍，更多知识请读者阅读其他相关书籍，查漏补缺。

1.　色彩理论知识储备

色彩是一种涉及光、物与视觉的综合现象，而对色彩的研究，千余年前的中外先驱者们就已有所关注。无论哪种设计都离不开色彩，色彩和形象是用户视觉感知中最快也是最直接的元素，无需语言和文字，色彩会在第一时间通过眼球反馈到大脑，触发感受，影响情绪。工作中做配色方案时，色彩理论知识可能会非常有用。这里推荐读者几本有关色彩的课外书籍，仅供参考。

【1】《超越平凡的平面设计——配色设计原理与应用》，[美]Jim Krause（作者），黄海枫（译者），人民邮电出版社。

【2】《写给大家看的色彩书：设计配色基础》，梁景红（作者），人民邮电出版社。

2.　心理学与交互理论知识储备

在做产品设计和交互设计时，通常从人的感知、注意、记忆、思维、动机等方面出发，直接剖析认知心理，这样才能全面深入地了解目标用户。这里推荐读者几本有关心理学和交互设计理论的课外书籍，仅供参考。

【1】《设计师要懂心理学》，魏因申克（Susan Weinschenk）（作者），徐佳、马迪、余盈亿（译者），人民邮电出版社。

【2】《交互设计：原理与方法》，顾振宇（作者），清华大学出版社。

【3】《交互设计：设计思维与实践》，由芳、王建民、肖静如（作者），电子工业出版社。

1.3　UI设计理论基础

前文已经对 UI 设计师的工作内容和岗位要求做了简单介绍，也对将要学习的软件和提升自己内在水平的知识储备做了铺垫。接下来，就带领读者从夯实基础做起，逐步讲解 UI 设计师在工作岗位中的工作流程，以及每个工作环节中应该做什么和如何做。

1.3.1　色彩三要素

色彩可用色相、明度和饱和度来描述。人们看到的任一彩色光都是这 3 个特性的综合效果，这3个特性即是色彩三要素。

1. 色相

色相是指色彩的品相。日常生活中所看到的红、橙、黄、绿、蓝、紫等都代表一种具体的色相。之所以人们能看到五颜六色的物体，是因为光照到物体上时，一部分光被物体反射，一部分光被物体吸收，不同物体对光反射、吸收的效果不同，故呈现不同的色彩。

常见的色相环如图 1-5 所示，色相环的最大的作用，并不是把颜色——罗列出来，而是它直观地把邻近色和互补色有机结合到了一起。

2. 明度

明度是指色彩的"明亮程度"，如图 1-6 所示。对于同一颜色来讲，在强光照射下显得明亮，弱光照射下显得灰暗；对于不同颜色来讲，每一种纯色都有与其相对应的明度，黄色明度最高，蓝紫色明度最低，红、绿色为中间明度；对于无彩色来讲，最高明度为白，最低明度为黑。

APP UI设计与交互概述

第1章
第2章
第3章
第4章
第5章
第6章

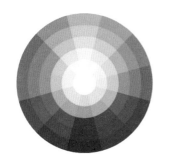

图 1-5 色相环

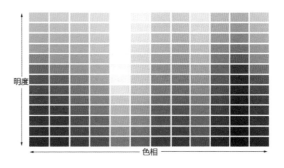

图 1-6 明度表

3. 饱和度

饱和度是指色彩的鲜艳程度，也称色彩的纯度。要理解饱和度的概念，用一句通俗的话总结最为直观"颜色越纯，饱和度越高"，这里"纯"字可以理解为"颜色的色相可识别性高"。

饱和度通常使用百分比来表示，对于某个图像来讲，饱和度为 0% 表示当前图像为灰色，饱和度为 200% 则会增加图像的彩度，如图 1-7 所示。

（a）饱和度 0%

（b）饱和度 60%

（c）饱和度 200%

图 1-7 不同饱和度效果

1.3.2 UI 设计配色基础

在 APP 中，色彩元素扮演的角色仅次于产品功能。人与移动端设备的互动主要基于与图形用户界面元素的交互，而色彩在该交互中起着关键作用。它可以帮助用户理解 APP 内容，引导用户与正确的元素进行互动。在每个 APP 产品设计初期，都会有一套配色方案，并在主要区域使用其基础色彩。

1. APP 中一般包含的颜色数量

在为一个新的 APP 创建配色方案时，需要考虑很多因素，包括品牌色彩，以及色彩针对目标客户群体是否存在特殊意义。

简洁的配色方案有助于改善用户体验，并且使产品内容更容易被理解。相反，运用太多的色彩会使人眼花缭乱。经研究，大多数人更倾向于仅依赖 2～3 种色彩的简单色彩组合。

2. 配色方案——单色

单色是单一色系的搭配，它在色彩的深浅、明暗或饱和度上进行调整而形成明暗的层次关系。对于初学者而言，单色方案是最易于创建的配色方案，因为每种色彩取自相同的基色。单色的色彩可以很好地结合在一起，产生和谐的效果。单色配色效果如图 1-8 所示。

图 1-8　单色配色效果

3. 配色方案——相近色

相近色的配色方案是选取相互不冲突的相关色彩，一种色彩用作主色，而其他色彩用于辅色以丰富该方案。相近色配色效果如图 1-9 所示。

图 1-9　相近色配色效果

4. 配色方案——补色

在色环中，两个对立的颜色称为补色。在使用补色配色方案时，一种颜色的面积大于另一种颜色的面积，就可以增强画面的对比，使画面能够很醒目。补色配色效果如图 1-10 所示。

图 1-10　补色配色效果

5. 配色方案——自定义配色

创建自定义配色方案最简单的方法是将一个明亮的主色添加到一组中性色中，这种处理方法最能够引起视觉冲击。例如，向灰度设计中添加一种色彩可以很轻易地吸引眼球，如图 1-11 所示。

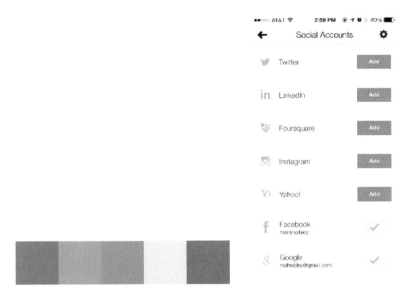

图 1-11　自定义配色效果

1.4 APP页面分类及其作品欣赏

要想亲自设计 APP UI 界面，还需要看看优秀的设计作品是什么效果，通过学习他人作品，从中吸取精华。市场上的 APP 有许多类型：购物类、影音类、图像类、系统工具类、通信社交类、阅读咨询类、办公类和交通位置类等。无论何种 APP 类型，用户在使用 APP 时都会访问到各种页面，主要包括引导页、主页、注册登录、菜单导航、列表、评论、下载、详情页、设置页和数据展示等页面。这里挑选了几类常见的 APP 界面向读者进行展示。

1. 引导页

APP 在启动时会有一小段时间的初始化过程，开发者可以利用这个初始化过程使用引导页的方式传递给用户一些品牌信息内容，如图 1-12 所示。反之，不需要引导页则可以精简 APP，同时也让开发者更追求 APP 的性能。

（a）美图秀秀引导页　　　　　（b）WALKUP 引导页　　　　　（c）花田小憩引导页

图 1-12　引导页

2. 主页

APP 的主页可根据 APP 类型进行不同的版式设计，主要包括以下 3 种类型。

（1）浏览引导为主型

此种类型的页面在布局上会有一个明确的主线，会对用户产生潜在的引导提示，版式的外在表现主要有上下分割型、左右分割型、中轴型、曲线型等类型。图 1-13 所示的 APP 主页界面采用中轴型布局，模块布局垂直方向上纵向排列，引导用户从上往下浏览，结构层次非常清晰。

图 1-13　浏览引导为主型

（2）提高浏览效率为主型

此种类型的页面比较典型的应用有资讯、新闻和图库类 APP，通过图文的混合编排呈现理性而严谨的感觉，使信息的传递更为快速、清晰，如图 1-14 所示。

图 1-14　提高浏览效率为主型

（3）信息展示为主型

此种类型的页面主要应用于记录型和天气类等 APP。此类页面受界面的信息量和功能特性因素的影响，多数采用满屏型布局，如图 1-15 所示。

图 1-15　信息展示为主型

3. 菜单导航

受手机屏幕大小限制，通常 APP 的菜单导航会采用滑动页面或者隐藏在其他按钮中的设计方法，如图 1-16 所示。

APP UI设计与交互概述

第1章

第2章

第3章

第4章

第5章

第6章

（a）QQ阅读菜单导航　　　（b）鲨鱼记账菜单导航　　　（c）网易公开课菜单导航

图 1-16　菜单导航

4. 详情页

详情页是 APP 必不可少的页面，在该页面内展示的是 APP 具体的信息，如图 1-17 所示。

（a）日日煮详情页　　　（b）ENJOY 购物详情页　　　（c）浅塘详情页

图 1-17　详情页

5. 注册登录

注册登录页面也是 APP 的必备界面，为了给用户带来良好的体验，某些登录界面在设计时会采取授权第三方应用一键登录的入口，如图 1-18 所示。

<table>
<tr><td>（a）咕咚登录页</td><td>（b）ZAKER 登录页</td><td>（c）Peak 注册页</td></tr>
</table>

图 1-18　注册登录

1.5　浅析APP产品开发流程

如今市场上的整套 APP 设计项目都是由一个设计团队共同完成的，一般由产品经理进行市场需求分析后给出一定的方案，然后交给设计团队进行原型设计和 UI 视觉设计，设计完成后交付开发团队进行产品软件的开发，开发完成后再进行测试和上市。要想成为一个称职的 UI 设计师，要从了解自己，了解团队开始。下面简单介绍 APP 产品开发的团队成员岗位职责和开发流程，后续章节（第 5 章）将以实际开发过程为例详细讲述。

1. 团队成员及其作用

（1）产品经理

产品经理（Product Manager，PM）在企业中专门负责产品管理，负责调查并根据用户的需求，确定开发何种产品，以及采用何种技术、商业模式等。产品经理还要根据产品的生命周期，协调研发、营销、运营，确定和组织实施相应的产品策略，以及其他一系列相关的产品管理活动。

（2）设计师团队

设计师团队包括产品设计师、用户体验设计师和图形界面设计师，其实在中小型公司运营中，这些岗位的工作可能会简化为 1~2 人，并没有那么明确的岗位分工。

◎ 产品设计师（PD）: 通过线条、符号、数字、色彩等把产品展现在人们面前。在产品设计阶段要全面确定整个产品策略、外观、结构、功能，从而确定整个生产系统的布局。

◎ 用户体验设计师（UE）: 负责产品的概念原型设计和细化的交互设计，配合进行用户测试和分析，对产品与用户交互方面进行改良。

◎ 图形界面设计师（GUI）：根据原型图的规划设计出一套能够满足客户需求的界面。

对于整个设计环节，一般APP项目都遵循以下设计流程，这里仅需要读者了解其工作过程，为后期各个模块的学习有一个全局认识。

① 绘制草图

绘制草图是指使用纸和笔去手绘界面草图，以便快速地与产品经理和其他同事进行讨论，再将想法具体化。

② 制作低保真原型图

在草图的基础上，借助第三方软件（Axure），用线框和文字绘制草图界面。在完成低保真原型图时，不能只是简单绘制，还要进行一些简单的交互操作，并简单地体验一下这个设计，尽可能地发现一些问题。图1-19所示的是某APP设计环节的低保真原型图。

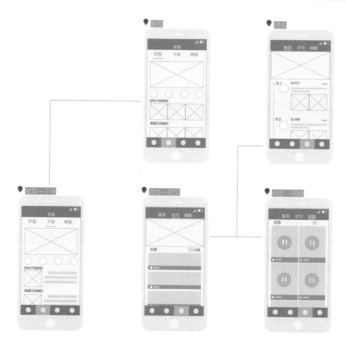

图 1-19　某 APP 低保真原型图节选

③ 制作高保真原型图

在此环节中，要基于低保真原型图进行视觉设计，并将这个视觉设计稿制作成可进行交互操作的原型。这时，高保真原型图的效果已经与最后的产品相差无几，并且能在手机上进行模拟操作，图1-20所示的是某APP的高保真原型图。

高保真原型一般交付给开发工程师与测试工程师。开发人员将根据高保真原型开发出产品。测试人员将以高保真原型为基准，对开发人员交付的产品进行测试。

（3）开发工程师

开发工程师将根据产品经理和设计师团队的最终方案编写代码，把这个方案实现成可用的产品。

图 1-20　某 APP 高保真原型图节选

（4）测试工程师

测试工程师的工作内容就是从用户角度出发，检测开发工程师做的东西是不是符合产品的需求，或是用户体验是否良好。

2. 开发流程

通过对上述各团队成员工作内容的了解，从整个 APP 产品大局来看，产品开发流程可总结为 4 个步骤：产品定义、交互设计、开发和测试，具体的开发流程图如图 1-21 所示。

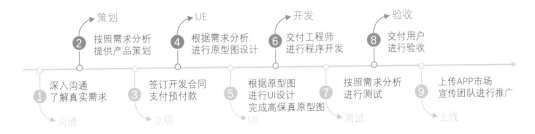

图 1-21　APP 产品开发流程图

1.6 职场经验分享

对于初入职场的 UI 设计师，面对与学校迥然相异的环境，这里总结几条有用的职场经验，帮助读者迅速转变为一名成熟的设计师。

1. 别让设计成为"井底之蛙"

当设计师完成对产品的设计时，需要说服别人来接受你的设计，这个过程讲究以理服人，可以事先让队友提提意见，用一些理论或者是一些说得通的理由来支撑你的设计方案，而忌用类似"我觉得这样好"的语言来说服客户。

2. 尽量快速融入团队

新成员加入团队中是需要磨合一段时间的，要融入团队中除了要知道自己是做什么的之外，还需要知道应该怎么去做。新成员可以从帮助同事提高整个团队效率出发，改变自己的节奏来融入团队。

3. 负责到底

UI 设计师最后的工作环节是将 APP 效果图标注和输出，但请勿将各类图片交付给后续程序员进行开发后就不管不问。作为有担当的 UI 设计师，要将内测的 APP 各个流程都看一遍，看看是否一切都与预定的一样，把不一样的地方记录下来，整理后及时反馈。

4. 不要过于追求完美

应该提前明白的是，后期的程序开发不可能 100% 按照 UI 设计师的想法实现产品。对于那些能够暂时接受的瑕疵，可以尝试着选择接受，保留精力去解决更加亟待解决的问题才能更有效的工作，这也能锻炼自己对项目进度的把控能力。

5. 适当补充程序开发基本知识

对于 UI 设计师来说，在交互设计环节有 API limitation（API 限制）意识是非常重要的。如果设计出来的功能后期开发根本不能实现，那么不仅浪费自己的时间，而且会降低整个团队的效率。

反观有经验的设计师，能够设计出交互逻辑清晰且开发成本相对低的产品，这样不仅让团队更有效率，更能大幅提升产品的稳定性。

1.7 学习反思

【思考】

1. 什么是 UI？什么是 UE？

2. UI 设计师常用的软件有哪些？

3. 请写出色彩三要素，并加以解释。

4. 产品经理的主要工作是什么？

5. 简述 APP 产品开发流程。

【动手】

1. 访问自己手机中的"应用市场"，安装一款你喜欢的小众 APP 软件，并说出喜欢的原因。

2. 在互联网上查找有关"UI 设计"的资料，欣赏优秀的设计作品，将其保存在收藏夹中，作为以后学习的素材。

第 2 章

UI 图标设计

【本章导读】

　　APP 产品在项目开发时，除了版式布局的设计外，图标的设计与制作是产品 UI 设计的重头戏。随着设计潮流的更迭，目前越来越注重图标的简洁与寓意表达，扁平化设计风格凸显。本章依托 UI 设计中常见图标的制作方法与质感表现，在介绍图标制作规范的基础上，巩固和加强 Photoshop 软件在 UI 设计中的核心操作，目的是为后期读者能够独立完成整个项目的各类设计奠定基础。

【学习目标】

◇　认识图标设计的相关概念。

◇　了解图标分类与常见尺寸。

◇　熟练掌握 Photoshop 中布尔运算的操作方法。

◇　掌握主流图标设计的方法。

2.1 初识移动设备尺寸及其相关概念

在现有市场中，移动设备的操作系统大致可以分为 iOS 和 Android，然而由于 Android 设备屏幕尺寸碎片化严重，所以 APP UI 设计师一般基于 iPhone 机型进行效果图设计，然后再适配到其他机型上。而在工作过程中，经常听到 "@1x、@2x 和 @3x" 这种描述语言，那么这些行业术语到底是什么含义，读者怎么才能够快速融入设计团队呢？下面对即将使用到的初级浅显概念加以概述，更多详细的描述将在 APP 实战开发阶段（第 5 章）进行讲解。

2.1.1 px、pt 和 ppi 等相关概念

1. px

px（pixel，像素）是指电子屏幕上显示数据的最基本的点。

2. pt

pt（point）是一种长度单位，等于 1/72 英寸，也称为 "绝对长度"。

3. 分辨率

（1）物理分辨率

物理分辨率是指硬件所支持的分辨率，其含义是指显示屏最高可显示的像素数，例如 iPhone X 的屏幕分辨率为 1125px×2436px，其含义为 iPhone X 的屏幕是由横向 1125 个像素纵向 2436 个像素点排列而成的。

（2）逻辑分辨率

逻辑分辨率是指软件可以达到的分辨率，其含义是页面上抽象的像素点的个数。

4. 缩放倍率

物理分辨率与逻辑分辨率之间的缩放比例，即用 @1x、@2x 和 @3x 表示。这是由于随着硬件技术的提高，物理分辨率可以达到逻辑分辨率的多倍以上，那么就意味着在原有画布大小的设计图稿中，一个 UI 设计里的像素点在屏幕里对应着多个像素点，从而显示得更加细腻，也就是所谓的 Retina 屏（视网膜屏）。

5. ppi

ppi（Pixel Per Inch）是指每英寸像素数，该数值越高，画面看起来越细腻。例如某图像分辨率为 72ppi，是指屏幕以每英寸 72 像素的方式来显示画面。

6. dpi

dpi（Dots Per Inch）用于衡量印刷品的打印精度，是指每英寸能够打印的点数。

2.1.2 iPhone 机型屏幕尺寸规格

当前市面上，常见的具有代表性的屏幕尺寸规格见表 2-1，这里仅做了解即可。

表2-1　常见移动设备屏幕尺寸规格

手机型号	屏幕物理尺寸	屏幕密度	逻辑分辨率	物理分辨率	倍率
iPhone 5/5S/5C	4.0 英寸	326ppi	320pt×568pt	640px×1136px	@2x
iPhone 6/6S/7/8	4.7 英寸	326ppi	375pt×667pt	750px×1334px	@2x
iPhone 6 Plus/6S Plus /7Plus/8Plus	5.5 英寸	401ppi	414pt×736pt	1242px×2208px	@3x
iPhone X	5.8 英寸	458ppi	375pt×812pt	1125px×2436px	@3x
iPhone XR	6.1 英寸	326ppi	414pt×896pt	828px×1792px	@2x
iPhone XS	5.8 英寸	458ppi	375pt×812pt	1125px×2436px	@3x
iPhone XS Max	6.5 英寸	458ppi	414pt×896pt	1242px×2688px	@3x

2.2 UI图标设计

在 APP UI 设计中最重要的工作就是图标设计。这里图标（Icon）是指具有标识性质的图形，它具有高度浓缩并快捷传达信息、便于记忆的特性。

作为 UI 设计师不仅要了解操作系统（Android 和 iOS）的特性，还要详细了解不同操作系统下图标的网格绘制标准，例如方形图标和圆形图标。只有按照设计标准来执行，才能避免在适配的时候出现不必要的麻烦。

2.2.1　图标的分类

手机 APP 中的图标各式各样，按照不同的分类标准能够划分出许多类别。下面向读者介绍常见的图标分类。

1. **系统图标（按属性分类）**

系统图标是指系统功能或 APP 应用程序的启动图标，如图 2-1 所示。此类图标是整个 APP 核心功能的缩影，也是 APP 品牌形象的重要组成部分。

2. **功能图标（按属性分类）**

功能图标是指承担着某种功能的图标，如图 2-2 所示。此类图标通常出现在 APP 应用程序的标签栏、菜单栏和导航栏等区域。

图 2-1　系统图标

图 2-2　功能图标

3. 线性图标和剪影图标（按设计风格分类）

线性图标的外观由线条组成，而剪影图标采用填充轮廓的方式进行表现，该类图标一般使用在 APP 应用程序内部某些组件中。其实，线性图标和剪影图标在 APP 图标设计方案中归为一套图标，可以说剪影图标是线性图标在不同状态下的另一种存在形式，如图 2-3 所示。

4. 扁平化图标（按设计风格分类）

扁平化的设计理念已经成为当今的一种潮流趋势，而扁平化图标是指那些去掉装饰效果（投影、高光、纹理和渐变等）的图标，如图 2-4 所示。

此类图标虽然看起来很"扁"、很"薄"，从视觉角度来看，图标没有任何厚度，但能直接地将信息和事物本身的特性展示出来，再搭配上柔和的色彩组合，将之放在简洁的布局界面中，能呈现出完美的平衡。

图 2-3　线性图标和剪影图标

图 2-4　扁平化图标设计

5. 拟物化图标（按设计风格分类）

拟物化图标是指模拟现实物品的造型和质感的图标，如图 2-5 所示。此类图标细节特别丰富，质感强烈，在制作时主要通过叠加高光、纹理、材质、阴影等效果对实物进行再现，也可以适当运用变形和夸张的手法，以提高视觉冲击力。

图 2-5　拟物化图标

上述图标分类及其对应图标展示是目前较为常见的图标类型，此外还有一些其他类型的图标，如手绘风格图标、3D 立体风格图标、动态图标和游戏风格图标等，这些图标只是设计风格手法不同，不再一一赘述。

2.2.2 常见存储格式与图标尺寸

1. 存储格式

（1）JPEG

JPEG 是第一个国际图像压缩标准，用于连续色调静态图像。在 Photoshop 软件中以 JPEG 格式存储时，提供 11 级压缩级别，以 0 ~ 10 级表示。其中，0 级压缩比最高，图像品质最差。即使采用细节几乎无损的 10 级质量保存时，压缩比也达到 5 : 1。

（2）PNG

PNG 是一种无损压缩的位图图形文件格式，有 8 位、24 位、32 位三种形式。例如 PNG8 和 PNG24 后面的数字表示最多可以索引和存储的颜色值，8 代表 2^8，也就是 256 色，而 24 则代表 2^{24}，大概有 1600 多万色。

在 UI 设计阶段，页面输出的效果图使用 PNG24 格式输出，而引导和加载页此类不太重要的页面使用 PNG8 格式输出。

2. 图标尺寸

由于图标的应用场合（启动图标、菜单栏图标、导航栏图标）不同，制作图标时尺寸也有所差异。

（1）iOS 系统

苹果公司开发的黄金比例的网格系统能够帮助设计师绘制出规范的图标。虽然这些网格细节有可能阻碍创意的实现，但它们可使各个元素的联系更为和谐、统一，并且用户体验更为出色、愉悦。图 2-6 所示的就是网格系统，所有图标上的元素都是根据这些线条进行设计的。

iOS 系统图标的圆角效果由系统自动实现，提交时按照 1024px×1024px 正方形图标提交 —— 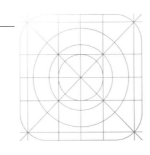  —— 在制作效果图时，为了真实预览，将 1024px×1024px 的图标圆角半径设置为 180px

图 2-6　苹果公司开发的网格系统

这套黄金比例的网格系统，主要用于规范图标的大小和各元素的位置。根据网格系统设计出的图标尺寸为 1024px×1024px，即 APP Store 图标的原始大小，最后根据各平台的尺寸再缩放成想要的图标大小。

iOS 系统的图标尺寸见表 2-2。

第 1 章
第 2 章
第 3 章
第 4 章
第 5 章
第 6 章

UI 图标设计

表2-2　iOS系统的图标尺寸

设备	APP Store 图标	应用程序图标	主屏幕图标	Spotlight 图标
iPhone 6 Plus	1024px×1024px	180px×180px	152px×152px	87px×87px
iPhone 6	1024px×1024px	120px×120px	152px×152px	58px×58px
iPhone 5/5S/5C	1024px×1024px	120px×120px	152px×152px	58px×58px

（2）Android 系统

图标的大小受到屏幕分辨率的制约，Android 系统所对应的手机设备分辨率碎片化严重，为此将屏幕密度划分为多个档次，即 idpi（低）、mdpi（中等）、hdpi（高）、xhdpi（特高）。Android 系统图标尺寸见表 2-3。

表2-3　Android系统的图标尺寸

屏幕大小	启动图标	操作栏图标	上下文图标	系统通知栏图标
320px×480px	48px×48 px	32px×32 px	16px×16 px	24px×24 px
480px×800px /480px×854px / 540px×960px	72px×72 px	48px×48 px	24px×24 px	36px×36 px
720px×1280 px	48px×48 px	32px×32 px	16px×16 px	24px×24 px
1080px×1920 px	144px×144 px	96px×96 px	48px×48 px	72px×72 px

2.2.3　APP 启动图标的常见创意设计方法

前文已经向读者介绍了图标的类别，以及在不同平台下图标的大小尺寸。那么，当 UI 设计师需要根据 APP 产品设计相应的图标时，又该如何思考和创意呢？下面，向读者介绍几种创意设计方法。

图标是产品的视觉锚点，在设计图标过程中主要以快速识别为基本目的，以简化的图形为基础。而当图标被设计出来时，不仅在视觉上要有吸引力、与众不同，而且理想状况下甚至要能诠释应用的核心本质。那么到底什么样的 Icon（图标）才算是好的 APP 图标设计呢？由于启动图标相对重要，这里从多个方面介绍 APP 启动图标常见的设计方法。

1. 使用产品名字的首字母或一个字

使用品牌名称中的一个字作为设计元素的优点是，能够准确地表达 APP 的应用属性及其核心业务，更简单实用，易于推广，同类案例如图 2-7 所示。

此外，如果品牌名称为英文，则可以采用首字母作为主要元素，通过二次变形，以达到凸显产品定位的效果。

2. 使用品牌名字全称

产品的图标设计可以采用品牌名字的全称，这样处理的优势在于，冲击力强，可加深用户对产品名称的记忆，不需要对抽象符号二次加工，同类案例如图 2-8 所示。

支付宝　　　　知 乎　　　　淘 宝　　　　当 当　　　　小红书　　　　美 团

图 2-7　使用产品名字的首字母或一个字的图标设计　　　图 2-8　使用品牌名字全称的图标设计

3. 使用产品核心功能图形

以产品的核心功能为元素的设计思路，能够让用户通过图形预判产品的用途，同类案例如图 2-9 所示。

4. 使用产品形象

使用产品自己的卡通形象作为图标设计的元素，能够让用户产生亲切感，产品的形象也从侧面反映产品的设计定位，成功案例如图 2-10 所示。

高德地图　　　　快 手　　　　摩拜单车　　　　印象笔记　　　　UC 浏览器　　　　猫 眼

图 2-9　使用产品核心功能图形的图标设计　　　图 2-10　使用产品形象的图标设计

2.3 线性图标

2.3.1　线性图标概述

线性图标也可以称为功能性图标，这是因为线性图标大多数用于 APP 的某些具体功能展示方面，如图 2-11 所示。

图 2-11　线性图标

线性图标的形态是多样的，从简约而微妙的小巧图标，到繁复华丽的全套系列图标，可以说它们是设计美学的重要呈现。然而，无论线性图标如何设计，传递界面信息、优化用户体验、以简练线条展示图标内容都是其核心要素。

随着设计潮流的变化，很多 APP 都开始设计一些个性十足的线性图标，如图 2-12 所示。这些图标的特点是在原先单色线性图标的基础上，加入一些色彩，使其赋予图标新的含义和情感。

图 2-12　多种风格的线性图标

此类图标设计要点总结如下：

① 线条简明，线条末端大多用圆角进行修饰。

② 包含元素一致，且线条粗细一致，都能够拆解成为正方形、圆形等基本图形。

③ 绝大多数可以通过 Photoshop 中的布尔运算完成制作。

2.3.2　线性图标的制作（Wi-Fi 图标）

线性图标的案例不胜枚举，这里以功能性图标中 Wi-Fi 图标为例，向读者介绍 Photoshop 中布尔运算的使用方法，以及用该方法制作图标时的经验技巧。

线性图标的制作
——wifi 图标

1．思路解析

本例中 Wi-Fi 图标向外扩展的圆弧线段是通过同心圆分割而成的，多个同心圆之间的距离相等，具体思路解析如图 2-13 所示。

线条与空隙之间的间隔相等

使用布尔运算中的"与形状区域相交"命令完成制作

图 2-13　Wi-Fi 线性图标解析

2．实现过程

① 打开 Photoshop CC，按下【Ctrl+N】组合键，在"新建文档"对话框中设置文档标题为"Wi-Fi 线性图标"，"宽度"和"高度"均为 72 像素，"分辨率"为 72 像素 / 英寸，"颜色模式"为 RGB 颜色，"背景内容"为白色。

② 选择"椭圆工具"，在顶部属性栏中勾选"对齐边缘"选项，其目的是让绘制的形状路径中的锚点对齐画布中的网格，避免制作好的图形在手机端预览时图标发虚的现象。

③ 使用"椭圆工具"绘制填充色为纯黑色、大小为 70px×70px 的正圆。按下【Ctrl+J】组合键，在图层面板中复制出两个正圆备用，如图 2-14 所示。

④ 选择"椭圆 1"图层，按下【Ctrl+T】组合键，在顶部属性栏中将宽和高设置为 80%。

⑤ 同时选择"椭圆 1"和"椭圆 1 拷贝"两个图层，按下【Ctrl+E】组合键，如图 2-15 所示，将两个图层中的图形合并在一个图层中。

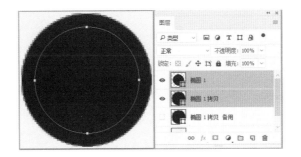

图 2-14　复制图层　　　　　　　　　　　图 2-15　合并图层

⑥ 使用"路径选择工具"选择合并后图层中的小圆，在顶部属性栏中选择"减去顶层形状"选项，如图 2-16 所示。此时的效果如图 2-17 所示。

⑦ 复制"椭圆 1 拷贝 备用"图层，将复制出的图层放置在最顶层，按下【Ctrl+T】组合键，将其缩放为 60%。再次选择图 2-18 所示的两个图层，按下【Ctrl+E】组合键，合并图层。

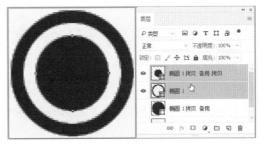

图 2-16　减去顶层　　图 2-17　制作圆环　　　　图 2-18　再次合并图层

⑧ 重复步骤 ⑦ 的操作，将图形缩放为 40%，合并新创建的图层，并执行"减去顶层形状"操作，此时效果如图 2-19 所示。

⑨ 再次重复步骤 ⑦ 的操作，将图像缩放为 20%，将新建的图层与下方图层合并，此时效果如图 2-20 所示。

图 2-19　双层圆环　　　　　　　　　图 2-20　三层圆环

⑩ 在图层面板的最顶层新建图层。使用"矩形工具"，绘制任意大小的矩形形状，并将其旋转 45°，放置在圆环的居中位置，如图 2-21 所示。

⑪ 选择矩形与下方三层圆环的图层，按下【Ctrl+E】合并图层。然后，在布尔运算中执行"与形状区域相交"命令，修改填充颜色后，Wi-Fi 图标造型制作完成，如图 2-22 所示。

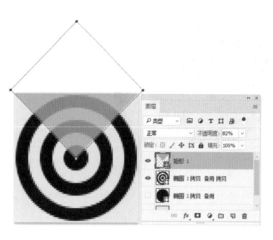

图 2-21　绘制矩形　　　　　　　　　图 2-22　Wi-Fi 造型制作完成

本例中，多次使用布尔运算中的"减去顶层形状"命令，以及【Ctrl+E】合并图层操作，通过看似重复性的操作，将标准的 Wi-Fi 造型制作出来。

2.3.3　课堂巩固练习（Keep 图标）

根据之前所讲内容，完成 Keep 图标的制作。运动社交类 APP Keep 使用产品名称的首字母作为设计元素，通过简单的布尔运算完成图标外形制作。图标制作要点如下。

① 创建大小为 1024px×1024px 的空白文档，绘制圆角半径为 180px 的圆角矩形，填充色为"#574e5f"。

②"K"图形由宽度为 80px，圆角半径为 60px，长度不同的圆角矩形组合而成。

③ 图标右上角倾斜45°的短竖纵截面，并非锐利的直切面，而是具有圆弧状态的图形，这里可以采用"减去顶层形状"布尔运算完成，如图 2-23 所示。

④ 制作完成的最终效果如图 2-24 所示。

纵截面，具有
圆弧形状

图 2-23　制作右上角短竖　　　　　　图 2-24　Keep 图标最终效果

2.4　剪影类图标

2.4.1　剪影类图标概述

剪影是指形态明显且没有影调细节的黑影。包含剪影的画面，其形象表现力取决于形象动作的鲜明轮廓，这种手法也经常用在图标设计中。

常见的剪影图标抽象简洁、言简意赅、高度提炼，对于表象意境的考究要高于具象和细节，且要突出图标传递功能信息的逻辑思维。

随着设计潮流的变化，从配色方面来看，此类图标有单色表现，也有双色设计，如图2-25 所示；从设计手法来看，通常使用正负形组合的方式进行设计，如图 2-26 所示。

图 2-25　双色设计　　　　　　　　　　图 2-26　正负形组合设计

2.4.2　剪影类图标的制作（抖音 APP 图标）

短视频社交类 APP 在年轻人中广泛传播，本节以抖音 APP 图标为例，向读者介绍剪影类 APP 常用的制作方法。

剪影类图标
－抖音 APP 图标

1. 思路解析

本例中主要运用 Photoshop 布尔运算中的"减去顶层形状"命令制作同心圆，在使用这一命令时，两个图形必须在同一图层。图标中左右转角均通过标准的图形剪切而成，既标准又规范，具体思路解析如图 2-27 所示。

背景颜色带有过渡效果

使用"减去顶层形状"
命令制作四分之一圆
弧图形

使用"减去顶层形状"
命令实现同心圆

图 2-27　抖音 APP 图标解析

2. 实现过程

① 打开 Photoshop CC，按下【Ctrl+N】组合键，在"新建文档"对话框中设置文档标题为"抖音 APP 图标设计"，"宽度"和"高度"均为 1024 像素，"分辨率"为 72 像素 /英寸，"颜色模式"为 RGB 颜色，"背景内容"为白色，如图 2-28 所示。单击"创建"按钮，完成文档的创建。

② 按下【Ctrl+R】组合键，调出标尺，并在画板的四周创建 4 条参考线，如图 2-29所示。

③ 使用"圆角矩形"工具，在顶部属性栏中设置形状填充颜色为"#140a19"，且无描边颜色。随后，单击画布空白处，在弹出的对话框中进行相关设置，如图 2-30 所示。单击"确定"按钮，即可创建包含颜色的圆角矩形。

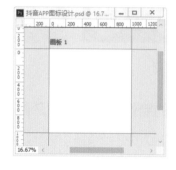

图 2-28　新建文档　　　　　　图 2-29　绘制参考线　　　　图 2-30　圆角矩形参数设置

④ 使用"椭圆工具"，绘制填充色为"#410a28"、大小为 772px×772px 的圆。选中绘制好的圆，在其"属性"面板中，将圆形的羽化半径设置为 180 像素，如图 2-31 所示。此时，的效果如图 2-32 所示。

图 2-31　设置羽化半径　　　　　　　　　图 2-32　绘制渐变背景

⑤ 使用"椭圆工具"，绘制填充色为"ff1955"、大小为 480px×480px 的正圆，并将当前图层命名为"音符大圆"。

⑥ 新建图层，绘制一个 220px×220px 的小圆，并将该圆剪切至"音符大圆"图层。将大圆和小圆进行居中对齐处理。

⑦ 使用"路径选择工具"，选中刚才绘制的小圆，在顶部属性栏中，将布尔运算里的"合并形状"，改为"减去顶层形状"，如图 2-33 所示，此时页面效果如图 2-34 所示。

⑧ 从标尺中拉出一条参考线，横向穿过空心圆的中心。使用"矩形工具"绘制 130px×514px 的矩形，让矩形底端与参考线对齐。随后，再拉出一条参考线，放置在刚才绘制矩形的顶端，如图 2-35 所示。

图 2-33　布尔运算　　　　　图 2-34　绘制空心圆　　　　　图 2-35　绘制矩形

⑨ 参照步骤 ⑤ ~ 步骤 ⑦ 的操作办法，绘制外圆为 620px×620px，内圆为 360px×360px 的空心圆，放置在图标右上角区域，并且再拉出一条参考线对齐空心圆的纵向锚点，如图 2-36 所示。

⑩ 使用"矩形工具"，且同时按下【Alt】键，此时布尔运算执行"减去顶层形状"命令，绘制 720px×280px 的矩形区域，并将矩形底部对齐参考线，此时即可将圆环多余部分减去。

⑪ 复制刚才创建的矩形区域，按下【Ctrl+T】组合键，将其旋转 90°，把旋转好的矩形左侧对齐纵向参考线，此时呈现出音符"尾巴"的形状，如图 2-37 所示。

⑫ 参照步骤 ⑩，在"音符大圆"图层中，绘制 70px×290px 的矩形，使其右侧跟之前画好的矩形对齐，底部跟最下面的参考线对齐，如图 2-38 所示。

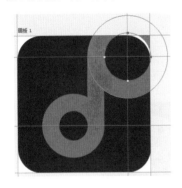

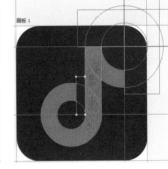

图 2-36　绘制音符尾巴　　　　图 2-37　音符尾巴绘制完成　　　　图 2-38　形状绘制完成

⑬ 在"图层"面板中，选择之前绘制的形状图层，单击鼠标右键选择"合并形状"，将之前的多个形状合并在同一图层中。

⑭ 按下【Alt】键的同时，向上向左拖曳刚才画好的音符，实现音符的复制。重新给音符填充颜色为"#00ffff"，效果如图 2-39 所示。

⑮ 将绿色音符的图层混合模式从"正常"改为"线性减淡（添加）"，随后即可看到效果，如图 2-40 所示。

图 2-39　复制另一个音符　　　　　图 2-40　抖音 APP 启动图标最终效果

2.4.3　课堂巩固练习（微信图标）

根据之前所讲内容，完成微信图标的制作。微信图标采用气泡框设计元素，给人一种对话的感觉，贴近产品的功能。在趣味性方面，在微信图标的两个气泡框加上眼睛，增加了亲和力，而且图标采用绿色作为底色，传递出正能量。图标具体要求与制作要点如下：

① 创建大小为 1024px×1024px 的空白文档，绘制圆角矩形，填充色为 #00ff00。

② 绘制大小为 600px×512px 的白色椭圆，然后复制出 3 个，通过相互位置的变化制作气泡的尖角，如图 2-41 所示。

③ 将最初的椭圆置于顶层，通过"减去顶层形状"布尔运算完成气泡基底图形的制作。

④ 绘制眼睛同样采用"减去顶层形状"的操作方法，至此完成气泡的制作。

⑤ 复制气泡，水平翻转后进行缩放，放置在右下角，最终完成微信图标的制作，如图 2-42 所示。

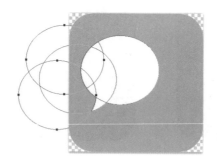

图 2-41　制作气泡　　　　　　　图 2-42　微信图标制作完成

2.5 扁平化与长阴影类图标

2.5.1　知识点概述

1．扁平化图标

扁平化是指在设计手法上摒弃高光、阴影等产生透视感的制作方法，通过简化和抽象的设计元素直观传递信息内涵。

从整体的角度来讲，采用扁平化手法设计的图标，更容易突出主题内容，通过减少特效增加明亮柔和的色彩，使主题内容更加突出，引导用户更加专注于内容本身。其设计过程也更加容易，只需要保证良好的布局关系和配色运用的一致性即可完成设计。图2-43所示的是一组采用扁平化设计手法制作的图标。

2. 长阴影图标

长阴影图标是指以扁平化设计为基础，添加简单投影效果的图标，如图2-44所示，而长阴影的制作一般将一道45°角的阴影从图标中延伸出来，故而得名"长阴影"。

图2-43 扁平化图标　　　　　　　　　　　　　图2-44 长阴影图标

2.5.2 扁平化与长阴影类图标的制作（指南针图标）

扁平化图标的设计首先要考虑外形设计，其次才是颜色。造型设计方面典型的处理方法是从面和线开始，运用这两种基础元素进行多种组合可设计出多种多样的形状。本节以实例形式讲解扁平化图标的制作，通过本节的学习，读者可以掌握扁平化图标的制作方法，以及长阴影的制作方法。

1. 思路解析

本例中主要使用"椭圆工具"绘制同心圆完成制作；而对于文字类这种边缘较多的情况，使用矩形当作长阴影显得格格不入，这里将文字保存为笔刷，并修改笔刷的属性完成制作。具体思路解析如图2-45和图2-46所示。

使用"椭圆工具"
绘制图形

使用"矩形工具"
作为投影效果

投影是通过
笔刷制作

图2-45 扁平化图标（指南针）解析　　图2-46 扁平化图标（文字类）解析

2. 实现过程——扁平化图标（指南针）

① 打开 Photoshop CC，按下【Ctrl+N】组合键，在"新建文档"对话框中设置文档标题为"扁平化图标"，"宽度"和"高度"均为1024像素，"分辨率"为72像素/英寸，"颜色模式"为RGB颜色，"背景内容"为白色。单击"创建"按钮，完成文档的创建。

② 使用"圆角矩形"工具，绘制大小为1024px×1024px，圆角半径为180px，填

扁平化图标
（指南针）

充色为"#45c5ec"，且无描边颜色的圆角矩形。

③ 使用"椭圆工具"绘制 4 个大小不同的正圆，按照由下到上的顺序，分别填充"#ffffff""#83d8f4""#b7e6f6""#cfeffc" 4 个颜色，大小和位置如图 2-47 所示，此时完成指南针盘面的制作。

④ 绘制 5 个白色的小圆，作为指南针东南西北的指向以及高光，如图 2-48 所示。

⑤ 使用"圆角矩形"工具，绘制大小为 60px×200px，填充色为"#ff0000"的圆角矩形，用于当作指南针的针柄，圆角半径参数设置如图 2-49 所示。

图 2-47 绘制指南针底盘

图 2-48 绘制指向和高光

图 2-49 设置圆角半径

⑥ 将绘制好的圆角矩形旋转 45°，放置在图标中间。按照步骤 ⑤ 的方法，再次绘制填充色为白色的圆角矩形，将其旋转 −135°，放置在图标中间，如图 2-50 所示。

⑦ 使用"矩形工具"绘制宽度为 600px 的矩形作为长阴影，然后将长阴影旋转 45°，填充色比底色深即可。在图层面板中调整层级关系，使长阴影呈现出如图 2-51 所示的效果。

图 2-50 制作指针

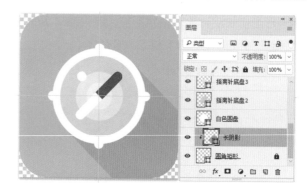
图 2-51 指南针基本造型绘制完成

⑧ 最后，根据需要可以为指南针增加全局高光和细微阴影效果，读者可以自行设置。至此，一个简单的扁平化图标绘制完成。

上述案例中，图标的长阴影是通过绘制具有不透明度的矩形实现的。那么，对于不规则图形或文字如果想添加贴切外观的长阴影又该如何处理呢？下面以给文字添加长阴影的案例介绍制作长阴影的另一种方法。

3. 实现过程——扁平化图标（文字类）

① 打开 Photoshop CC，按下【Ctrl+N】组合键，在"新建文档"对

扁平化与长阴影
（文字类）

话框中设置文档标题为"扁平化图标（文字类）","宽度"和
"高度"均为 1024 像素,"分辨率"为 72 像素 / 英寸,"颜色
模式"为 RGB 颜色,"背景内容"为白色。单击"创建"按钮,
完成文档的创建。

② 使用"圆角矩形"工具,绘制大小为 1024px ×
1024px,圆角半径为 180px,填充色为"#6e53d5",且无
描边颜色的圆角矩形。然后,从标尺中拉出水平和垂直的参
考线放置在图标中间,如图 2-52 所示。

图 2-52　图标雏形

③ 在"图层"面板中,新建图层。使用"文字"工具,书写任意内容,文字颜色为
"#64dcba",字体类型与大小自行设置。

④ 按下【Ctrl】键的同时,单击文字图层,此时出现了以文字边缘为蚂蚁线的选区。
在保持选区的情况下,执行"编辑"→"定义画笔预设"命令,在弹出的对话框中填入画笔
名称,如图 2-53 所示。这时,就新建了叫作"文字长阴影"的画笔。这个画笔将会成为制
作长阴影的基础图形。

⑤ 刚刚制作完成的画笔并不能立即使用,原因是该画笔笔触间隔过大,没有连成一片
的感觉。这里需要选择"画笔"工具,然后打开"画笔"面板,选中刚才制作的画笔,将画
笔"间距"参数改为"1%",并且单击"大小"参数后面的"恢复原始大小"按钮,如图 2-54
所示,此时阴影画笔制作完成。

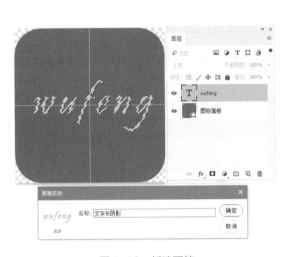

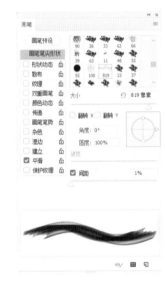

图 2-53　新建画笔　　　　　　　　图 2-54　设置画笔参数

⑥ 新建图层。使用"钢笔"工具,并在界面上方工具栏中设置钢笔勾勒的属性为"路
径",这里不能选择"形状"或"像素",否则后期"描边路径"功能将无法使用。

设置完"钢笔"工具后,从"十字"参考线的中心位置开始向右下角绘制一条 45°路径,
如图 2-55 所示。

⑦ 在这条路径上单击鼠标右键,选择"描边路径"选项,在"描边路径"对话框中选

U I 图标设计

第 1 章
第 2 章
第 3 章
第 4 章
第 5 章
第 6 章

择工具"画笔"，单击"确定"按钮，即可看到路径被之前创建的画笔描绘，如图 2-56 所示。

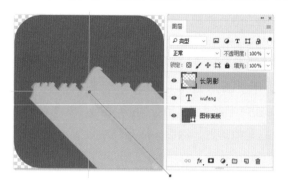

图 2-55　绘制路径　　　　　　　　　　图 2-56　完成描边路径

⑧ 将步骤 ⑦ 中绘制的"长阴影"图层移动到文字图层的下方，并且修改阴影的颜色为"#0f211c"。然后，使用"选择"工具移动长阴影的位置，将其微调到与文字刚好契合的位置。

⑨ 设置"长阴影"图层的混合模式为"正片叠底"，"填充"设置为"30%"。此时，长阴影图标基本完成，如图 2-57 所示。

⑩ 为了避免阴影的"呆板"效果，这里进行后期处理。再次选择"长阴影"图层，删除其中的路径，然后执行"滤镜"→"模糊画廊"→"场景模糊"命令，在长阴影的边缘选取两个模糊位置，并设置模糊值，如图 2-58 所示。

图 2-57　长阴影图标基本完成　　　　　图 2-58　设置阴影的场景模糊

⑪ 选择文字图层，为文字增加细微浮雕效果，使文字厚度增加，避免在阴影下给人单薄的感觉。

⑫ 最后，将"长阴影"图层针对图标面板应用剪切蒙版，使得右下角的阴影被限制在整个图标面板的圆角矩形中。

至此，包含文字的长阴影图标制作完成，读者可以根据实际情况设置相关参数，制作个性化的长阴影图标。

2.5.3　课堂巩固练习（一组扁平化图标）

根据之前所讲内容，完成一组扁平化图标的制作，最终效果如图 2-59 所示，由于图形结构较为简单这里不再进行制作要点提示。

图 2-59　扁平化图标一组

2.6　拟物类图标的制作

2.6.1　知识概述

1. 拟物

拟物是指通过叠加高光、纹理、材质、阴影等效果对实物进行再现，其设计元素均来自真实生活中的物品。采用这种设计风格的作品，可对想要表达的对象进行适当的变形和夸张，其界面通常采用真实物体的材质，如图 2-60 所示。正因为拟物化设计元素来自真实生活，所以很容易带有年代感、文化气息、生活气息等。

图 2-60　质感细节明显的拟物图标

2. 拟物与扁平

从信息量方面来看，拟物化可以理解为对元素信息量的再加工，假如原本某个元素传递的信息量是 100，但为了达到更好的质感和效果，当采用拟物化设计时，信息量可能达到 200，这就加重了用户接收信息的工作量；扁平化则是将元素信息简洁地展现给用户，减少用户因接收过多的信息量而产生的认知成本。

综上所述，拟物与扁平是相互对立的设计理念，作为设计师应该多关注信息本身的含义，而对于元素承载信息量的多少则要根据产品的用户角色来综合考量。

2.6.2　拟物类图标的制作（木纹质感翻页日历）

虽然，当前设计风格更偏向于扁平化设计，但拟物设计手法可展现设计师的设计功底。

本节以制作带有木纹质感的日历为例，向读者介绍拟物图标的制作方法。

1. 思路解析

木纹质感不能通过滤镜实现，一般对于此类质感的对象，通常借用木纹图像素材来实现。本例中大量使用图层样式中的"斜面和浮雕""内阴影""投影"和"渐变叠加"等样式来实现质感，具体思路解析如图 2-61 所示。

拟物化图标
（木纹质感翻页日历）

日历底盘采用为 2 层圆角矩形添加"内阴影"效果实现

日历牌下半部分有透视效果

文字转为"形状"后，使用布尔运算实现文字上下分离，再通过变形操作实现透视效果

图 2-61　拟物化图标效果分析

2. 实现过程

① 打开 Photoshop CC，按下【Ctrl+N】组合键，在"新建文档"对话框中设置文档标题为"拟物化图标（翻页日历）"，"宽度"和"高度"分别为 3000 像素和 2000 像素，"分辨率"为 72 像素 / 英寸，"颜色模式"为 RGB 颜色，"背景内容"为白色。单击"创建"按钮，完成文档的创建。

② 使用"圆角矩形"工具，绘制大小为 1024px×1024px，圆角半径为 180px，填充色为"#cfa972"，且无描边颜色的圆角矩形。

③ 将刚才绘制的圆角矩形复制出一个，并将其缩放至 90%，如图 2-62 所示。

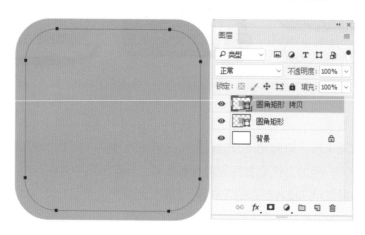

图 2-62　绘制基底

④ 使用剪切蒙版的操作方法，将事先准备好的木纹素材分别置于刚才制作的 2 个圆角矩形内，如图 2-63 所示。为了让木纹不死板，移动其中一个木纹图像的位置使木纹走向产生变化。

⑤ 为较小的圆角矩形添加多个图层样式，如图 2-64、图 2-65、图 2-66 所示，最终效果如图 2-67 所示。

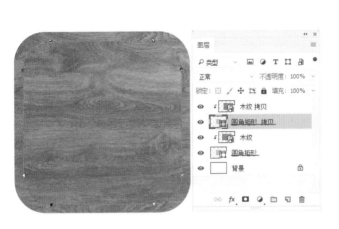

图 2-63　增加木纹效果

图 2-64　斜面和浮雕

图 2-65　描边

图 2-66　内阴影

⑥ 创建新图层，按照图 2-68 所示的参数绘制日历牌，填充色为浅灰色。在当前图层绘制 2 个圆角矩形，放置在日历牌的左下角和右下角，使用布尔运算中的"减去顶层形状"命令，制作日历牌的缺角，如图 2-69 所示。

⑦ 复制日历牌上半部分，旋转 180° 后作为日历牌下半部分，此时的效果如图 2-70 所示。

UI图标设计

第1章

第2章

第3章

第4章

第5章

第6章

图 2-67　木质底盘制作完成　　　　　　　　　　图 2-68　圆角矩形参数设置

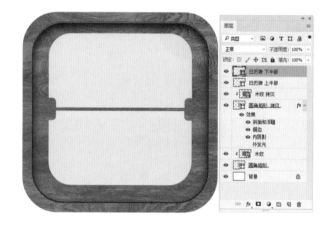

图 2-69　日历牌（上半部分）　　　　　　　　　　图 2-70　绘制日历牌

⑧ 使用"路径选择工具"选择日历牌的下半部分，按下【Ctrl+T】组合键，然后选择右键菜单中的"透视"命令，使用鼠标拖曳右下角锚点，使日历牌产生下边大、上边小的透视效果。

⑨ 分别为日历牌的上下两个部分添加图层样式，如图 2-71、图 2-72、图 2-73 所示，添加完成后效果如图 2-74 所示。

图 2-71　斜面和浮雕　　　　　　　　　　图 2-72　渐变叠加

图 2-73　阴影　　　　　　　图 2-74　日历牌透视效果

⑩ 再次复制 2 个日历牌下半部分的图形，清除图层样式，分别缩放 90% 和 95%，调整位置后，放置在日历牌下半部分图层的下面实现日历多页的效果，如图 2-75 所示。

图 2-75　日历牌翻牌制作完成

⑪ 绘制大小合适的矩形，并为其添加"斜面浮雕"和"渐变叠加"图层样式，当作日历牌的轴。

⑫ 绘制两个大小合适的圆角矩形，并为其添加图 2-76、图 2-77 所示的图层样式，当作日历牌的滚轮，效果如图 2-78 所示。

图 2-76　滚轮的渐变叠加　　　　图 2-77　滚轮的渐变填充　　　　图 2-78　轴和滚轮制作完成

⑬ 新建图层，使用微软雅黑加粗的文字效果书写日期文字。右键选择该图层，将其转化为"形状"。然后重复日历牌翻页效果的制作方法，将变形的文字制作出来，其过程如图2-79 所示。

使用"矩形工具"绘制横向的矩形放置在"21"文字上方，使用"路径选择工具"选中横条矩形，并执行"减去顶层形状"命令，此时"21"文字被上下分割

再次使用路径选择工具，选中横条矩形，在布尔运算中执行"合并形状组件"命令，此时"21"转换为常规路径。使用"直接选择工具"框选"21"字体下方的锚点，按下组合键【Ctrl+T】，并选择右键菜单中的"透视"命令，即可对"21"下方路径进行修改

图 2-79　文字翻页效果

⑭ 为文字添加"内阴影"和"内发光"图层样式，参数如图2-80 所示、图2-81 所示。添加完图层样式后，根据需要对整体效果再次调整，最终效果如图2-82 所示。

图 2-80　文字"内阴影"效果　　　图 2-81　文字"内发光"效果　　　图 2-82　拟物图标（翻页日历牌）

2.6.3　课堂巩固练习（拟物齿轮）

根据之前所讲内容，完成拟物齿轮图标的制作，如图2-83 所示。本例难点在于齿轮外观的快速绘制，以及图形样式中质感的细微调整。制作要点如下：

① 齿轮可以使用"多边形工具"实现，而多边形的边数必须是4 的倍数。例如，需要制作包含8 个锯齿的齿轮，则需要创建32 边形。

② 创建32 边形后，每隔2 个锚点使用"直接选择工具"选择2 个锚点。选择32 边形的16 个锚点后，按下【Ctrl+T】组合键向中心缩小，即可快速制作齿轮，如图2-84 所示。

③ 使用布尔运算中的"减去顶层形状"命令，绘制出蓝色同心圆环和中心较小的圆环。

④ 对各个图层添加图层样式，使表现出其质感。

图 2-83　齿轮拟物图标

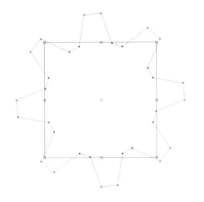

图 2-84　快速绘制齿轮

2.7 学习反思

【思考】

1. 什么是系统图标？什么是功能图标？

2. 对于 iOS 系统，在制作启动图标时需要设置圆角半径吗？为什么？

3. 线性图标的设计要点有哪些？

4. 简述 Photoshop 中的布尔运算有哪些。

5. 扁平化图标的特点有哪些？

【动手】

1. 依据前文讲解的启动图标创意设计方法，以"樊登读书"为设计目标，为其设计启动图标。"樊登读书"APP 的产品使命是帮助国人养成阅读习惯，产品定位是那些没有时间读书、不知道读哪些书和读书效率低的人群。"樊登读书"APP 现有产品启动图标如图 2-85 所示，二次设计后的图标如图 2-86 所示，市场上同类型的阅读类 APP 启动图标如图 2-87 所示。

图 2-85　"樊登读书"现有启动图标

图 2-86　"樊登读书"二次设计后的图标

第1章

UI图标设计　第2章

第3章

第4章

第5章

第6章

| 看　书 | 红袖读书 | 百度阅读 | 爱奇艺阅读 |

图 2-87　同类型的阅读类 APP 启动图标

2. MBE 风格图标是法国巴黎设计师 MBE 在 dribbble 网站发布，并且广泛流行的一种设计风格。该类风格图标的特点是采用粗线条描边和偏移填充，这里请读者查阅相关资料进行补充学习，自主完成图 2-88 所示的图标。

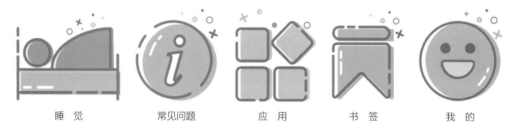

| 睡　觉 | 常见问题 | 应　用 | 书　签 | 我　的 |

图 2-88　MBE 风格图标

第 3 章

常见 APP 组件的设计与实现

【 本章导读 】

移动端 APP UI 设计除了之前讲解的图标设计外，在各种页面交互过程中，还有诸如按钮、滑动条、表单和数据图表等功能组件。本章将围绕上述常见组件向读者讲解设计要点及制作方法。

【 学习目标 】

◇　认识 UI Kit。

◇　了解按钮的种类和按压状态，掌握质感按钮常规制作方法。

◇　掌握滑动条的制作方法。

◇　了解表单的结构，掌握常见表单的制作方法。

◇　认识数据图表，掌握曲线图表的制作方法。

3.1 UI Kit概述

　　UI Kit（用户界面套件）是指包含 UI 设计元素的图形文件，主要用于用户界面的设计。套件中的组件一般包括按钮、复选框、滑动条、导航按钮、开关和通知框等，如图 3-1 所示。

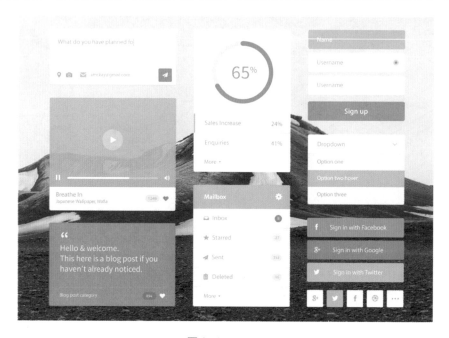

图 3-1　UI Kit

　　UI Kit 可以清晰地呈现整个产品的设计风格和色彩，便于设计师对设计进行全局调整和修改，并且可以帮助后续研发人员更加清楚地找到当前设计的部分。

　　当然，优秀的 UI Kit 并不只是看起来漂亮那么简单。仔细观察会发现，UI Kit 设计的出发点有的贴合主流，使用简约而现代的设计；有的追逐流行风尚，使用单色或者双色色调。总之，UI Kit 能够很好地支撑 UI 设计师们的工作，而其中的各类组件元素都是后期 UI 设计中极为常用的组成部分。

　　需要说明的是，在产品开发过程中 UI Kit 并不是必须的，只有一些体量较大的公司才有成本去完成一套 UI Kit 的设计，这也是区分专业与非专业的标志之一。无论如何，要想做好 UI Kit 就要先掌握各类组件是如何被设计并制作出来的，下面将向读者分类介绍。

3.2 按钮

3.2.1　按钮概述

　　无论是在网页端还是在手机端，按钮都是既普通又常见的交互设计元素。虽然它看起来很简单，但过去几十年间，它的设计风格和理念也发生了天翻地覆的变化，这里总结了近几年按钮设计的变化趋势，希望给读者一些启发，如图 3-2 所示。

图 3-2　按钮设计风格的变迁

◎ 2010—2011 年：几乎每个按钮都会有精致的圆角和阴影，且注重颜色和诸如内部阴影等细节。

◎ 2012—2013 年：扁平化兴起、盛行，并一直延续至今。

◎ 2014 年：幽灵按钮兴起，设计师倾向于使用两 px 的边界与鲜艳的色彩来设计按钮。

◎ 2015 年：扁平化设计与微阴影进行搭配。

◎ 2016 年：渐变设计开始流行，按钮开始拥有彩色阴影。

◎ 2017 年至今：极简主义风格成为主流趋势。

后续设计风格如何演变，涉及的因素很多，这里并不能预测未来，但唯一不变的是按钮一直围绕着"识别度"和"清晰度"来展开设计的。

在移动端 APP UI 设计中，按钮和图标已经相互深度交融，按钮外观不再局限于圆角矩形这种设计，有些时候某个具有质感的图标就是一个按钮，如图 3-3 所示。

图 3-3　APP 中的按钮

第1章

第2章

第3章

第4章

第5章

第6章

常见APP组件的设计与实现

3.2.2　按钮的按压状态

当用户在 APP 中对按钮执行一个操作时，会收到按钮的一个反馈，这个反馈就是按压状态。在程序开发阶段，按钮的多个状态可以借助程序代码来实现，而在前端设计阶段设计师需要将按钮的多个状态分别制作出来，如图 3-4 所示。

图 3-4　按压状态

移动端常见的按钮按压状态如下。

① 默认状态：按钮静止时的外观样式。

② 单击状态：按压按钮时的状态，表示按钮已经被触发。

③ 禁用状态：禁用状态仅仅是让用户知道当前页面中有操作入口，但不可以操作。通常，禁用状态下的按钮外观可以直接通过改变按钮初始状态的颜色来完成。

3.2.3　按钮的种类

按钮的外观多种多样，但按照使用场景可以分为以下四类。

1. 推荐操作类按钮

推荐操作类按钮是指对当前页面具有全局控制的按钮，这也是页面中推荐使用的关键操作。图 3-5 为非常典型的推荐操作类按钮，页面中间蓝色按钮占据页面中较大面积，较为突出，便于用户分辨，能够有效地提高使用转化率，降低用户的学习成本。

2. 次要操作类按钮

次要操作类按钮也是对页面全局进行控制的按钮，只不过重要程度次之，一般此类按钮常用于新页面的入口。图 3-6 下方罗列了两个次要操作类按钮，它们之间没有明确的主次关系，只是希望用户知道该页面有这样的功能。一般存在这种对应关系的功能有登录和注册、评论和点赞、订阅和收藏等。

图 3-5　推荐操作类按钮　　　　　　图 3-6　次要操作类按钮

3．局部操作类按钮

局部操作类按钮是指在同一页面中包含多个相同功能或模块的按钮。例如图 3-7 所示的页面中包含多个"设定"按钮，单击该类按钮后，按钮的状态会改变，或跳转到新的页面。

4．吸底按钮

吸底按钮是指当场景内容特别多时，那些吸附在屏幕底部，并且不跟随屏幕滑动而改变位置的按钮。例如图 3-8 所示的页面底部突出显示"去购买"按钮，一方面方便用户操作，另一方面能够增强转化率。

图 3-7　局部操作类按钮　　　　　　图 3-8　吸底按钮

3.2.4 按钮的设计要点

按钮设计是 APP UI 设计的重要组成部分，如何才能设计出兼具功能和美观的按钮呢？这里总结几种高效的设计要点。

（1）尽可能简洁

按钮尽可能保持简洁的设计，去掉不必要的形式感，因为形式过于复杂的按钮会影响用户的判断力，从而易造成错误判断。

（2）按钮文案要简短、明晰，必要时增加紧迫感词语和动词

按钮文案非常重要，它可引导用户的行为，其首要目的是让用户方便、明晰地知道单击按钮后将会触发什么操作。因此，提示性的文案一定要简短、明确，且直指重点，减少用户判断的时间。

增加文案紧迫感这一方法，经常在电商购买场景中大量运用，这种带有紧迫感的词语能最大程度地激发用户去采取行动，大大提升按钮的转化率，如图 3-9 所示。

增加文案中动词这一方法，会让用户产生马上去行动的心理暗示，同时动词也带有强烈的指向性，如图 3-10 所示。

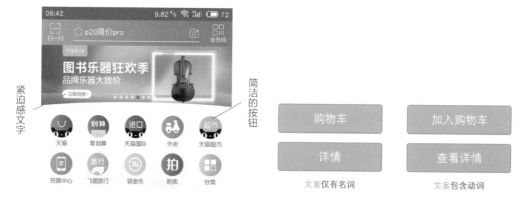

图 3-9　按钮设计要点（手机淘宝 APP 界面节选）　　　　图 3-10　包含动词的按钮

（3）增加按钮的对比效果

增加按钮的对比效果可以让按钮在页面场景中脱颖而出，方便用户分辨在哪里点击可以触发后续功能，如图 3-11 所示。

（4）增强按钮的引导特性

按钮在设计时增加引导性设计，可以更好地引导用户去判断，有利于提高产品的用户体验。增强引导最直观的做法就是颜色的选取，通过色彩心理学赋予用户的感受，可以起到很好的引导作用。例如，图 3-12 中罗列了一组按钮，通过颜色引导用户点击，以达到预期效果。

图 3-11　增加按钮的对比效果
（猎豹清理大师 APP）

图 3-12　增强按钮的引导特性

图 3-12 中下方的一组按钮是错误示例，虽然使用色彩增加了引导性，但导致按键之间的颜色对比变得太弱，当用户看到两个按钮时会有一个判断过程，反而给用户造成不好的体验。

3.2.5　扁平化按钮的制作

扁平化按钮在 APP 项目中使用较多，本小节以制作一组扁平化按钮为例，向读者介绍此类按钮的设计与制作方法。

无论何种用途的按钮都涉及 4 个基本元素：图形（边框）、文字、辅助图形和 Icon。这里除了图形（边框）是必须存在的元素外，其他元素之间可以相互组合。

1. 思路解析

本例制作过程非常简单，主要使用"圆角矩形工具"实现，具体解析如图 3-13 所示。

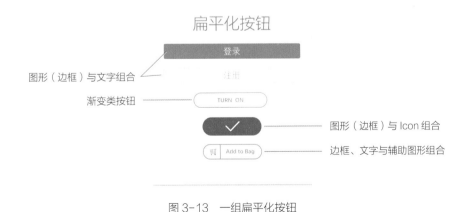

图 3-13　一组扁平化按钮

2．实现过程

① 打开 Photoshop CC，按下【Ctrl+N】组合键，新建大小为 1080px×1200px 的画布。

② 使用"圆角矩形工具"绘制 924px×100px、圆角半径为 10px 的圆角矩形，并设置填充色为"#4871f7"。然后，新建文字图层输入"登录"文字即可完成按钮的制作。

③ 使用"圆角矩形工具"绘制 500px×100px，圆角半径为 50px 的圆角矩形，并设置描边粗细为 4px。打开"属性"面板，为描边设置渐变色，颜色从"#4871f7"向"#f577d8"渐变，如图 3-14 所示。然后，输入"TURN ON"文字，将其栅格化，并添加"渐变叠加"的图层样式，颜色过渡与描边颜色相同。此时，完成渐变按钮的制作。

图 3-14　设置描边渐变色

④ 参照之前按钮的制作方法，绘制剩余按钮，由于过程非常简单，这里不再赘述。

3.2.6　质感按钮的制作

质感包括很多种，例如金属、水晶、木纹和皮毛等，本小节以水晶质感为例，向读者介绍质感按钮的制作方法。

质感按钮

1．思路解析

此类按钮基本上是通过三层圆角矩形来实现立体效果的，如图 3-15 所示。按钮中所有质感效果均使用图层样式完成，每一层中的高光和纹路均使用剪切蒙版约束在当前图形中，与其他图层没有关系，制作完成后的效果如图 3-16 所示。

顶部黄色圆角矩形
作为按钮的顶面

底部灰色圆角矩形
作为按钮的底座

中间褐色圆角矩形
作为按钮的立面

图 3-15　按钮的三层圆角矩形

图 3-16　水晶质感按钮最终效果

2. 实现过程

（1）制作按钮的三层基底

① 打开 Photoshop CC，新建 800px×600px 大小的画布。

② 使用"圆角矩形工具"，绘制按钮顶面图形，大小为 348px×100px，填充颜色为"#ffe400"，圆角半径为 50px。

③ 复制刚才绘制的圆角矩形，将填充颜色改为"#db8b1a"，适当调整位置并将其放置在下一图层。

④ 再次复制顶面图形，改变填充颜色为"#eeeeee"，适当放大，将其放在最下层。此时按钮效果和图层关系如图 3-17 所示。

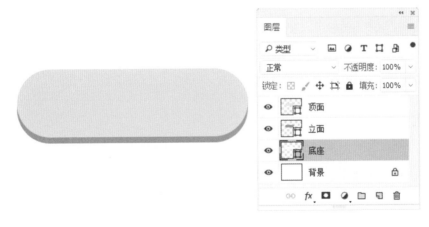

图 3-17　按钮的三层基底

（2）底座质感处理

① 所有按钮制作的第一步是添加投影效果，其目的是增加立体效果。这里选择"底座"图层，为其添加投影，具体参数如图 3-18 所示。

② 由于受到环境光的影响，还需为底座增加描边效果，该描边颜色选择为与顶部黄色相近的高亮黄色"#ffffd7"，具体参数如图 3-19 所示。此时，底座质感立刻显现出来，

如图 3-20 所示。

图 3-18 设置底座投影　　　　　　　　　图 3-19 设置底座描边

图 3-20 底座质感处理完成

（3）立面质感处理

① 仔细观察按钮质感可以发现，按钮立面中间区域由于受到自上而下的光线照射影响，产生高光效果。这里使用"渐变工具"，绘制由白色到透明的径向渐变，并为其增加颜色为"#ffcc7c"的"颜色叠加"图层样式。

② 选择"立面高光"图层，按下【Alt】键不放，单击"立面"图层，完成剪切蒙版的创建，如图 3-21 所示。

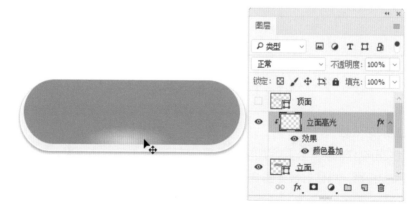

图 3-21 立面高光处理

③ 为使立面与下方底座之间产生立体效果，这里为"立面"图层增加投影和颜色为"#d4762a"的"描边"图层样式，参数设置如图 3-22 所示。

图 3-22　设置立面描边

（4）顶面质感处理

① 在图层最顶层新建图层，输入"金币购买"文字，调整文字大小并使其居中。

② 在"顶面"图层上方，使用"圆角矩形工具"绘制 330px×70px、填充色为"#f8ba25"的圆角矩形，放置在按钮中下部。然后使用剪切蒙版将其限制在"顶面"图层中，如图 3-23 所示。

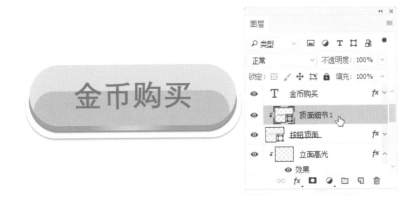

图 3-23　顶面细节

③ 使用"椭圆工具"绘制填充色为"#ffef68"的椭圆，同时设置椭圆的羽化值，如图 3-24 所示。该椭圆将作为顶面中部的高光，随后对该图层同样使用剪切蒙版操作，将其限制在"顶面"图层中。

常见APP组件的设计与实现

第1章

第2章

第3章

第4章

第5章

第6章

图 3-24　顶面高光

④ 使用"多边形工具"绘制填充色为白色的六边形，使用剪切蒙版操作，将其限制在"顶面"图层中。将六边形所在图层的"填充"属性调整为"0%"，如图 3-25 所示。

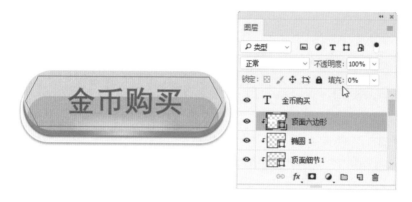

图 3-25　顶面六边形

⑤ 为"顶面六边形"图层添加"内发光"和"渐变叠加"图层样式。"内发光"颜色设置为纯白色，具体参数如图 3-26 所示。"渐变叠加"样式中，渐变颜色为白色到透明的过渡，具体参数如图 3-27 所示。

图 3-26　六边形"内发光"图层样式参数　　图 3-27　六边形"渐变叠加"图层样式参数

（5）顶面文字处理

为使文字有凹陷效果，这里借用"投影"和"外发光"图层样式来实现。无论是阴影还是外发光，所使用的颜色要与按钮环境色相一致，这里阴影使用的是偏黄色的颜色，而外发光用的是偏红色的颜色，具体参数这里不再罗列，读者可以参考源文件自行设置。

至此，具有水晶质感的按钮绘制完成。这里建议读者在了解整个质感按钮实现方法后，不要一味地照搬参数设置，参数仅仅是参考，为什么要这样处理才是学习的重点。

3.2.7 课堂巩固练习（水晶按钮）

根据之前所讲内容，为按钮更换颜色，最终效果如图 3-28 所示。需要提醒读者的是，更换蓝色时，所有的细节包括描边、阴影色、外发光色等内容，都要选取与蓝色相近的颜色，这样才能有全局的把握。

图 3-28　质感按钮（蓝色）

3.3 滑动条

滑动条是一种设计组件，主要通过水平移动滑块来控制某种变量，比如用来调节音量或者屏幕亮度，如图 3-29 所示。

图 3-29　滑动条

在移动端 UI 设计中，无论滑动条制作得多么细致，用户的操作技巧多么精准，用滑动条做准确的数值设定也是件困难的事情。在后期实现时，程序员常采用调用插件的方式实现滑动条外观，所以从设计角度来说，滑动条外观不宜设计得过于复杂。

需要特别注意的是，滑动条的全部标签需要放在滑动条的上方或者旁边，而不是放在下方，以保证用户用手指滑动的过程中，标签不被手指遮挡。

3.3.1 扁平滑动条的制作

1. 思路解析

扁平滑动条在设计时只需要把握整个色调风格并使其统一即可，滑动轨道使用"圆角矩形工具"实现，滑块前后的轨道可通过改变颜色来实现，如图 3-30 所示。

图 3-30　音乐播放器滑动条

2．实现过程

① 打开 Photoshop CC，新建大小为 1080px×650px 的画布。

② 使用"圆角矩形工具"，绘制高 6px、圆角半径 3px、宽度适当的圆角矩形当作滑轨，并为其填充颜色为"#ccccfe"。

③ 按照同样的方法绘制滑轨的另一段，并填充颜色为"#545585"。

由于音乐播放器其他图标按钮组件制作比较简单，这里不再赘述，请读者按照之前章节所讲知识自行绘制。

3.3.2　质感滑动条的制作

具有质感的滑动条在实现时有一定的规律可以遵循，这里在对质感滑动条的结构进行分解的基础上，向读者介绍质感滑动条的制作方法。

质感滑动条

1．思路解析

本例质感滑动条最终效果如图 3-31 所示，详细结构分析如图 3-32 所示。

图 3-31　质感滑动条

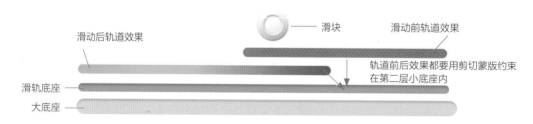

图 3-32　质感滑动条结构分解

2．实现过程

（1）制作底座

① 打开 Photoshop CC，新建大小为 1080px×650px 的画布。

② 使用"圆角矩形工具"，绘制 750px×30px、圆角半径为 15px、填充颜色为

"#d8d8d8" 的圆角矩形，并将当前图层命名为"滑动条大底座"。然后，为当前图层添加"描边"和"内阴影"图层样式，具体参数如图 3-33 和图 3-34 所示。

图 3-33　大底座"描边"图层样式参数　　图 3-34　大底座"内阴影"图层样式参数

③ 参照步骤 ② 的方法，绘制长宽均小于"大底座"的圆角矩形，将当前图层命名为"滑轨底座"。然后，为当前图层添加"内阴影"和"投影"图层样式，具体参数如图 3-35 和图 3-36 所示。此时图层层叠关系如图 3-37 所示。

图 3-35　滑轨底座"内阴影"　　　图 3-36　滑轨底座"投影"　　　图 3-37　当前层叠关系
　　　　　图层样式参数　　　　　　　　　图层样式参数

④ 至此，滑动条基础底座部分绘制完成，如图 3-38 所示。

图 3-38　滑动条底座绘制完成

（2）制作滑轨

① 绘制大小为 500px×18px 的圆角矩形，命名当前图层为"左侧滑轨"，并为其添加"渐变叠加"图层样式，如图 3-39 所示，颜色渐变具体数值如图 3-40 所示。

常见APP组件的设计与实现

第1章
第2章
第3章
第4章
第5章
第6章

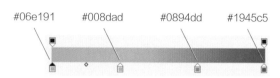

图 3-39 左侧滑轨"渐变叠加"图层样式参数　　　　图 3-40 颜色渐变具体数值

② 将"左侧滑轨"图层向下执行剪切蒙版操作，此时效果与图层关系如图 3-41 所示。

图 3-41 制作左侧滑轨

③ 参照步骤 ② 的制作方法，制作右侧滑轨，并同样执行剪切蒙版操作，将当前图层约束在"滑轨底座"图层中，如图 3-42 所示。

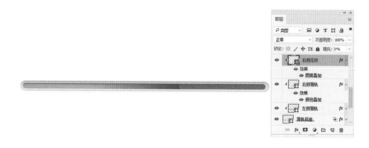

图 3-42 制作右侧滑轨

（3）制作滑块

滑块是由两层大小不同的圆组成的，为使滑块具有质感，单独为每个圆添加图层样式，如图 3-43 所示。由于涉及许多图层样式的具体参数，这里不再赘述，请读者查看源文件。

图 3-43　制作滑块

　　至此，具有质感的滑动条已经制作完毕。在本例中使用"内阴影"图层样式，其目的是让滑动条具有内嵌的立体效果；使用白色作为阴影色的"阴影"图层样式，其目的是让圆角矩形下方产生高光反射的提亮效果。对于案例中的其他图层样式，读者还需要仔细体会，不要一味参照某个参数去制作。

3.3.3　课堂巩固练习（QQ 音乐播放器）

　　根据之前所讲内容，完成 QQ 音乐播放器滑动条部分的制作，如图 3-44 所示。

图 3-44　QQ 音乐播放器

3.4　表单

3.4.1　表单结构与设计要点

　　APP 组件中表单设计是大部分 APP 项目不可缺少的 UI 组件。如果该 APP 项目涉及管理类、理财类、问卷类产品，那么表单设计将会成为 APP 项目设计的核心。

常见APP组件的设计与实现

第1章
第2章
第3章
第4章
第5章
第6章

1．表单结构

表单的基本结构包含 3 个要素：标签（Lable）、输入框（Input）、提示语（Placeholder），如图 3-45 所示。

图 3-45　表单

用户体验方面支付宝做得非常完美，用户只需输入有效的手机号码，并选择具体充值的金额，系统将自动跳转至付款界面，无需用户执行提交操作。

2．设计要点

（1）自动聚焦与智能提示

进入表单填写页面时，输入焦点自动被放入第一个输入项，同时弹出输入键盘，让用户少了一步单击操作，如图 3-46 所示。当输入邮箱类内容时，自动弹出常见邮箱后缀方便用户选择，如图 3-47 所示。需要特别注意的是，所有焦点所在的输入项的输入框不能被输入键盘挡住。

（2）尽量减少跳转页面

能在一个页面完成的尽量不要再跳转新页面，如果编辑时确实需要跳转新页面，那么一定要在编辑前的页面中看到设置的数值。图 3-48 所示的是添加备注信息的修改日期操作，此时新页面从系统底部弹出，用户既能看到上一级页面的内容，也能在新页面中进行操作。

图 3-46　自动聚焦并弹出键盘

图 3-47　表单智能提示

图 3-48　减少跳转页面

（3）尽量使用行内标签

当屏幕空间有限时，标签跟输入框组合成单一的元素，如图 3-49 所示。当用户输入内容时，标签就消失，这种设计既美观又不占空间，标识度也有所提高。

图 3-49　行内标签

（4）简化表单数量与颜色

所有的表单设计都要遵从一个原则，那就是尽量简化表单数量，将用户理解成本降到最低。在色彩搭配方面，不要使用多种颜色相互搭配的设计，而要根据产品的标准色进行设计。

3.4.2　单选按钮与复选框的制作

1. 单选按钮

单选按钮用于一组相关但互斥的选项中，用户能且仅能选择一个选项，如图 3-50 所示。单选按钮选项的数量不宜过多，如果屏幕空间足够，且选项内容重要需要罗列展示，则可以采用单选按钮。否则，应该使用下拉框组件。而当只有两个选项，且两个选项的含义相反时，可使用开关组件。

2．复选框

复选框组件能为用户提供一组相互关联但内容不同的选项，如图3-51所示。

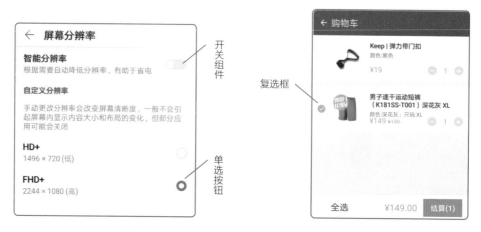

图3-50　单选按钮　　　　　　　　　　　　图3-51　复选框

3．思路解析

无论是单选按钮还是复选框，选中状态与非选中状态的外观一定要有鲜明对比，其外观不局限于圆形，颜色搭配与APP产品风格相一致即可，本例解析如图3-52所示。

图3-52　单选按钮与复选框

4．实现过程

① 打开Photoshop CC，新建大小为750px×1334px的画布。

② 使用"椭圆工具"绘制40px×40px的圆，描边颜色为"#e5e5e5"，此时单选按钮未选中状态绘制完成。

③ 新建图层，绘制40px×40px的圆，填充色为"#00b7ee"，再绘制18px×18px的圆。选中这两个大小不同的圆，执行布尔运算中的"排除重叠形状"命令，此时单选按钮被激活状态绘制完成，如图3-53所示。

未选中状态　　　　　　　　　　　　　　　　激活状态

图3-53　单选按钮的两种状态

④ 由于绘制过程过于简单，这里不再赘述其他外观的单选按钮和复选框的制作过程。

3.4.3 文本框与下拉框的制作

1. 文本框

当用户单击文本框时系统会自动弹出键盘，文本框的外观可以是矩形也可以是圆角矩形，如图 3-54 所示。用户输入完成后，单击键盘上的【Enter】键时，应用程序根据文本框输入的内容进行相应处理。需要说明的是，从用户体验的角度来讲，应该尽量少用文本框组件，能够让用户选择的内容，就不要让用户输入，可以采用下拉框等组件来实现。

2. 下拉框

下拉框用于帮助用户在一组互斥的列表中进行选择，其外观根据产品需要进行变化，如图 3-55 所示。下拉框的使用可使页面更紧凑，对于那些不希望强调的选项来说非常合适。

图 3-54 文本框

图 3-55 下拉框

3. 思路解析

文本框外观大多数使用圆角，少数使用直角，这要根据产品整体风格而定，边框可以使用灰色描边，文字颜色应该使用程序的主色；下拉框默认状态下，一般需要有文字提示，某选项被选中时，会有颜色突出显示，如图 3-56 所示。

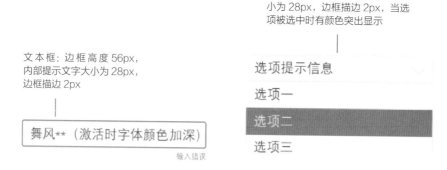

图 3-56　文本框与下拉框

4. 实现过程

① 打开 Photoshop CC，新建大小为 750px×1334px 的画布。

② 使用"圆角矩形工具"绘制 400px×56px 的圆角矩形，描边粗细为 2px，颜色为"#e5e5e5"，在文本框内部输入提示文字，文字大小为 28px，颜色为"#cccccc"。此时，文本框初始未激活状态绘制完成。

③ 参照之前的步骤，修改边框颜色即可绘制出文本框其他状态的效果，如图 3-57 所示。

④ 下拉框的绘制与文本框类似，其效果如图 3-58 所示。由于过程较为简单，这里不再赘述，读者可以参照源文件制作。

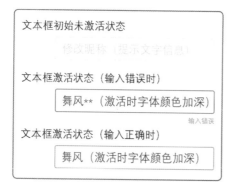

图 3-57　文本框各种状态

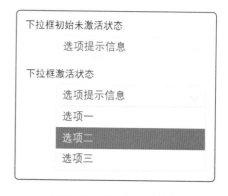

图 3-58　文本框各种状态

3.4.4　课堂巩固练习（反馈页表单）

根据之前所讲内容，完成图 3-59 所示的反馈页表单练习。创建大小为 750px×1334px 的画布；红色颜色值为"#ff4c6a"；单选按钮直径为 40px，描边粗细为 1px；文本框中的底纹颜色为"#edf0f2"，字体颜色为"#b6b6b7"。

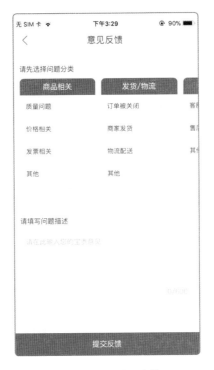

图 3-59　反馈页表单

3.5 数据图表

3.5.1　认识数据图表

在部分 APP 产品中，可视化的数据图表可以帮助用户快速理解数据，以数据图表为主的 APP 主要有运动类、财务类、天气类和健康类等。数据图表的表现形式主要有：柱状图、折线图、曲线图、环形图、饼图和雷达图等。

（1）折线图

折线图是以一组由单个线条连接的数据点组成的图形，用于表示在一段连续时间内发生的大量数据，如图 3-60 所示。

（2）曲线图

曲线图使用一条或多条光滑的曲线来表示数据的趋势，如图 3-61 所示。如果数据是连贯实时的，且任意两点间的数据具有分析价值，用曲线图比用折线图更合适。

（3）饼图与环形图

饼图常用于显示每个组成部分的数值相对总体的百分比，而环形图可以理解为中央空心的饼图，除了可以显示

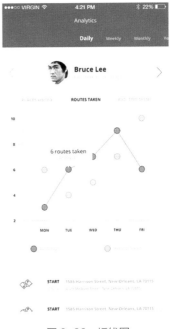

图 3-60　折线图

占比，还可以显示进度加载量，如图 3-62 所示。

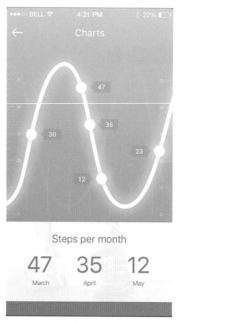

图 3-61　曲线图

图 3-62　环形图

（4）柱状图

柱形图是将数据序列按照某种分类规则垂直呈现的条状图形，如图 3-63 所示。

（5）雷达图

雷达图在比较多个维度数据序列及查看整体情况时使用，既可以查看整体发展的均衡情况，也可以对比数据之间的优劣势，如图 3-64 所示。

图 3-63　柱状图

图 3-64　雷达图

3.5.2　数据图表的制作

由于受移动端屏幕大小限制，当单个页面中需要展示一种重要数据时，首选圆形作为基础图形，因为无论是饼状图、环形图或是雷达图，都会在页面上呈现一个视觉重点。

当单个页面中需要展示 2 ～ 3 种数据类型时，就要强化突出重点数据，弱化次要数据，尽量让主要数据展示形式与次要数据展示形式不一致，可以将曲线图与环形图等基础图表交替使用，这样使整个页面层次清晰，内容丰富。

1．思路解析

本例以运动类 APP 数据图表展示为例，向读者讲解曲线图的绘制方法。整个案例的难点在于曲线图渐变颜色的叠加，以及曲线图下方区域渐变的处理，具体思路解析如图 3-65 所示。

数据图表的制作

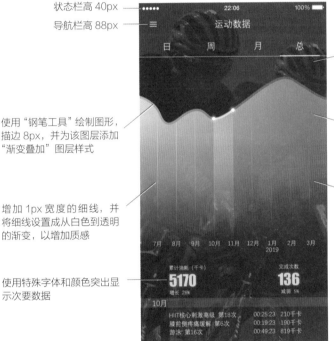

图 3-65　运动类 APP 数据图表——曲线图表

2．实现过程

（1）基础工作

① 打开 Photoshop CC，新建大小为 750px×1334px 的画布。

② 按下【Ctrl+R】组合键，调出标尺。从顶部标尺中分别拖曳出两条参考线，一条距离顶部 40px，另一条距离顶部 128px。

③ 由于本例为运动类的 APP，这里选用一张有关运动的高清大图置于图层中。调整图像的对比度和曲线等参数，并为图像增加"颜色叠加"图层样式，最终使图像色调暗下来，并且有深蓝色的科技感，如图 3-66 所示。需要提醒读者的是，切勿照搬参数设置，而要仔

常见APP组件的设计与实现

第1章

第2章

第3章

第4章

第5章

第6章

细体会动态调整过程，只要最终贴近设计本意即可。

④ 在图层中新建名为"title bar"的组，并在组中新建图层，将状态栏图标和导航栏文字添加上去，如图 3-67 所示。

图 3-66　调整背景大图　　　　　　　图 3-67　制作"title bar"

⑤ 新建图层，输入"日、周、月、总"文本信息，并绘制 750px×2px 的矩形，填充色为"#00ffff"，再次绘制 160px×4px 的矩形，填充色为白色，将两个矩形底端对齐，放置在合适位置，如图 3-68 所示。

图 3-68　页面头部绘制完成

（2）绘制曲线图表

① 新建图层。使用"钢笔工具"，将工具模式改为"形状"，填充设置为"无"，描边宽度设置为 1px，颜色为白色，如图 3-69 所示。

图 3-69　设置钢笔属性

② 在当前图层中，绘制一条平滑的曲线，并且复制一份该图层，作为后期使用。

③ 使用"路径选择工具"，选中平滑曲线，将曲线描边宽度设置为 8px，然后对该曲线所在的图层添加"渐变叠加"图层样式，如图 3-70 和图 3-71 所示。

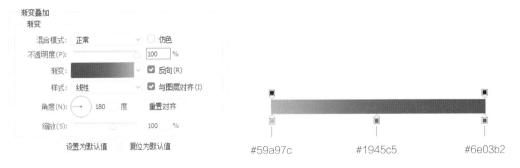

图 3-70　添加"渐变叠加"图层样式　　　　　　　图 3-71　渐变颜色值

#59a97c　　　#1945c5　　　#6e03b2

此时，带有渐变颜色的曲线绘制完成，如图 3-72 所示。

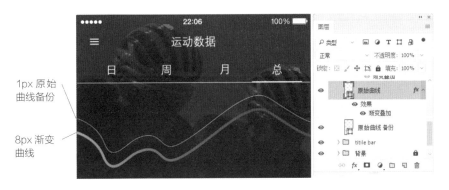

1px 原始
曲线备份

8px 渐变
曲线

图 3-72　绘制渐变曲线

④ 使用之前备份的曲线，使用"钢笔工具"继续绘制曲线下方的图形，并将该图形填充自上而下从白色到透明的渐变，该图层命名为"原始曲线（图形）"，此时页面效果如图 3-73 所示。

⑤ 创建"横向渐变"组，将"原始曲线（图形）"图层置于该组中。针对该组添加"渐变叠加"图层样式，渐变颜色与之前曲线渐变相同，此时效果如图 3-74 所示。

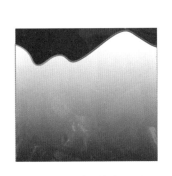

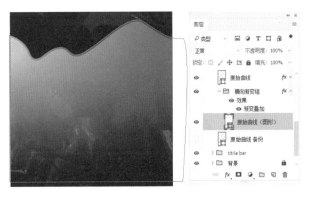

图 3-73　绘制渐变图形　　　　　　　图 3-74　渐变曲线的区域性渐变绘制完成

⑥ 使用"矩形工具"，绘制 9 条宽度 1px、高度不同的矩形。将这 9 个矩形以画布为参照物水平平均分布，并填充自上而下、从白色到透明的渐变。然后，将这 9 个矩形编为"纵向分割线组"，并置于之前创建的"横向渐变组"中，使得分割线同样具有渐变色的效果，

常见APP组件的设计与实现

069

如图 3-75 所示。

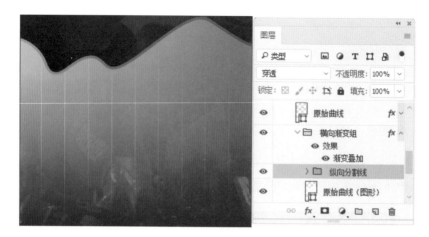

图 3-75　绘制纵向分割线

⑦ 参照步骤 ⑥ 的方法，使用"矩形工具"绘制大小为 76px×430px 的矩形，同样填充自上而下、从白色到透明的渐变，并放置在"横向渐变组"中。然后在纵向分割线下方添加月份等文字信息。

⑧ 在图层面板顶部新建图层，绘制贴合曲线的一段路径，并在路径两端绘制白色圆形，并为两个圆形添加"外发光"和"投影"图层样式，效果如图 3-76 所示。

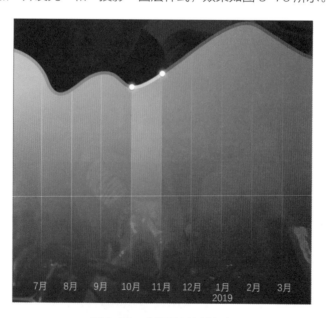

图 3-76　曲线图表绘制完成

（3）页面底部

根据产品功能需要，在页面底部区域输入相关文字信息，对需要展示的次要信息采用特殊字体和颜色加以突出显示，如图 3-77 所示。鉴于页面底部制作过程较为简单，这里不再赘述，请读者查看源文件。

图 3-77　页面底部次要数据展示

至此，一个曲线类型数据图表制作完成。本例中所涉及的曲线图表具有典型性，在很多场合经常遇到，而对于诸如饼图、雷达图等其他类型的图表，鉴于篇幅所限，这里不再一一举例。

3.5.3　课堂巩固练习（环形数据图表）

根据之前所讲内容，完成环形数据图表的制作，如图 3-78 所示。

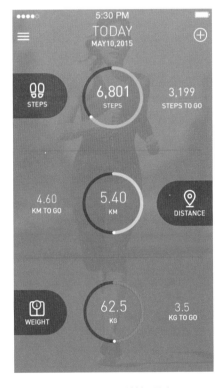

图 3-78　环形数据图表

① 创建大小为 750px×1334px 的画布，将运动类图像置于图层中。然后，为该图层添加"渐变叠加"图层样式。

② 绘制填充色为深灰色的圆环，作为环形数据图表的基层圆环。

③ 复制深灰色基层圆环，修改圆环的填充色，并使用"钢笔工具"在圆环路径上添加

常见APP组件的设计与实现

第1章
第2章
第3章
第4章
第5章
第6章

锚点。

④ 使用"直接选择工具"选择部分锚点，执行删除锚点操作，剩下的即为带有缺口的圆环。

⑤ 参照页面布局，完成文字类信息的填充。

3.6 学习反思

【思考】

1. 什么是 UI Kit？

2. 按钮组件的种类有哪些？

3. 简述按钮的设计要点。

4. 简述表单组件的设计要点。

5. 图表的种类有哪些？

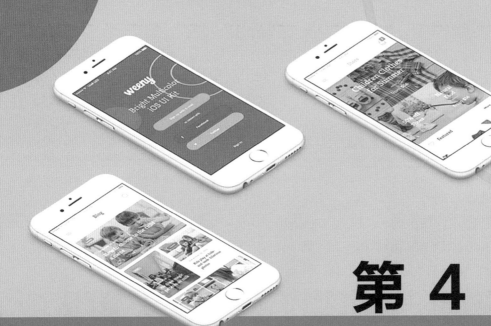

第 4 章

交互设计与原型图绘制

【本章导读】

　　交互设计与原型图绘制是 UI 设计师应该掌握的知识，因为在实际工作中大多数公司 UI 设计师会承担多个岗位的工作。本章将围绕交互设计基本原理与原型图绘制常见的操作方法向读者讲解相关知识。

【学习目标】

　　◇　了解交互设计的相关概念。

　　◇　认识产品原型。

　　◇　掌握 Axure RP 的基本操作方法。

　　◇　掌握 Axure RP 常见的交互应。

4.1 初识交互设计

4.1.1 交互设计概述

　　20 世纪 80 年代中期"交互设计"一词被两位设计师创造出来。一位是 Bill Verplank（比尔·韦普朗克），如图 4-1 所示。他是斯坦福大学的访问学者，在斯坦福大学获得机械工程和产品设计学士学位，然后进入麻省理工学院攻读人机系统博士学位，主要研究人类和计算机之间的相互作用。另一位是 Bill Moggridge（比尔·莫格里奇），如图 4-2 所示。他是一位英国设计师、作家和教育家，他是在设计中采用以人为中心的方法的先驱，他设计的 Grid Compass 电脑被称为首款现代笔记本电脑，也是现在笔记本电脑的原型。

图 4-1　Bill Verplank（比尔·韦普朗克）　　图 4-2　Bill Moggridge（比尔·莫格里奇）

　　要想理解"交互设计"还需要从"用户体验"这个概念讲起。用户体验（User Experience，UE）是指用户在使用产品过程中建立起来的纯主观感受。这里用户的"主观感受"可以通俗地理解为"产品用起来，方不方便，好不好用"，在整个感受过程中，用户会受到产品的行为、形式和内容 3 个方面的影响，而交互设计恰恰就是改变"行为"和"形式"的一种行为，用于提升用户体验。

　　1. 交互

　　交互（Interaction），即交流互动，是一种宽泛的状态，而具体到移动端范畴，可以理解为人机交互（Human‐Computer Interaction），主要研究人与计算机之间的交互关系，主要有动作交互、数据交互、声音交互和图像交互 4 个维度。

　　2. 设计

　　设计（Design），即让信息更有效地传递的方法，其本质是让沟通更加清晰。当某个产品为了让用户完成某个事件，在操作过程中会产生一些行为或信息，那么设计要做的就是让这些行为或信息变得更加容易理解。

　　设计与艺术的区别在于，艺术是指通过不同媒介，向社会传递作者自己的感情或思维方式，其目的不是简化信息传递。

　　3. 交互设计师应该具有的能力

　　交互设计师在实际工作中会接触到形形色色的人，有来自团队内的成员（产品经理、用户体验师、视觉设计师、前端工程师、后台工程师、测试工程师），也有来自需求方的客户和使用端的用户，这就需要交互设计师需要有良好的沟通能力和人际关系，以及程序和视觉方面的专业知识，这样才会让项目在进行中无交流障碍，以保证项目的顺利进行。

通过汇总各大招聘网站有关交互设计师的岗位需求，这里总结出交互设计师应该具有的能力：逻辑思维与沟通能力、产品需求分析能力、用户研究与改善用户体验能力、原型图设计能力、UI 设计审美能力。

4．交互设计师的工作任务

交互设计师的工作贯穿整个项目流程，日常的工作任务可以简单地归纳为以下 5 个方面：

① 熟悉项目背景，从中发现用户的真实需求，建立明确的用户目标。

② 提出具体解决方案，满足用户需求。

③ 原型图制作并协调项目持续进行。

④ 进行用户测试和产品功能评估。

⑤ 产品上线后及时收集用户反馈为下一次产品迭代做准备。

上述工作任务在实际工作中并没有清晰的界限，这就要求设计师能够根据项目需求和工作环境动态调整。

5．交互设计常用工具

目前，市场上交互设计工具层出不穷，在产品快速迭代的今天，方便快捷的交互设计工具能够帮助设计师在工作中如鱼得水。

交互设计师理想状态下的工具有：Axure、Mindjet、Photoshop、Illustrator、After Effect、Word 和 PPT。此外，墨刀、蓝湖、Mockplus 等在线原型图交互设计工具也十分流行。

需要特别说明的是，软件仅仅是设计师表达设计的一种工具而已，工具本身永远不是设计，上述所列软件并非在工作中都会用到，这就要求交互设计师根据自己的情况和公司的要求选择最有利于设计的工具。由于 Axure 是原型图设计界专业的工具，所以后续内容将围绕 Axure 进行讲解。

4.1.2 产品开发中的层级关系

由于在第 1 章的 1.5 节已经对 APP 产品开发流程进行了简单讲解，这里继续丰富有关产品开发的相关知识。将之前总结的产品开发流程划分为 4 个层面，示意图如图 4-3 所示。

图 4-3 产品开发流程的 4 个层级关系

1．战略层

在战略层内，首先，需要确定产品的目标以及目标用户群体有哪些，对于用户而言，用户关注通过产品能够得到什么。其次，针对市场现有产品进行竞品分析，分析对手产品的功能，定位自己产品的特色。最后，进行市场分析，需要确定当前产品的营销市场有多大。

2．范围层

在范围层内，主要完成产品功能与内容的整合。第一，收集功能需求，包括用户口述的想要的功能、用户实际想要的功能，以及用户潜在的需求。第二，确定功能范围，哪些功能需要完成，哪些功能不需要做，不能在产品制作过程中不断地扩大原始功能的需求。

3．架构层

在架构层内，要完成产品原型图设计，以及界面中导航、按钮、输入框、界面组件等元素的设计，最终达到用界面去组织用户行为的目的。

4．表现层

在范围层内，UI 设计师将内容、功能和美学相结合，最终完成设计来满足其他层面的所有目标。

4.1.3 相关工作经验

1．对于产品经理

（1）APP 产品设计要以用户为向导，着重考虑产品能够为用户提供什么样的价值。在向同事或客户描述创意想法时，建议用"通过调研，某类人群在 XXX 环境下，想要做 XXX 事情，遇到了 XXX 问题，而我们公司的某个产品能够通过 XXX 方式帮助他解决这个问题。"这样的句式去思考问题。

（2）与交互设计师交流时，直接描述需求即可，无需画出线框图。对于无关紧要的细节，尽量减少主观意见。

（3）对于迭代的新版本，不要添加那些锦上添花的功能，满足核心功能是最重要的需求。

2．对于交互设计师

（1）能不画交互稿就不画交互稿。因为，APP 产品迭代速度很快，产品更新和开发周期更快，对于小的需求，可以用手绘或直接与 UI 设计师交流来完成，而对于大的需求，则必须画出交互稿。

（2）要有底线和话语权。交互设计师不是画线框图的人，不能别人说怎么改，就怎么改，而要把产品的数据和规划信息掌握在自己手里，站在用户角度提供人性化建议去影响别人、说服别人。

3．对于 UI 设计师

（1）虽然简约至上的设计理念目前非常流行，但不能什么产品都用这种设计理念。始终以用户为中心、符合用户需求的模型的设计才是最好的设计。

（2）进行界面设计和动效设计时，首先考虑一下屏幕适配问题，以及布局如何实现，避免天马行空的设计给后期程序开发带来麻烦。

4.2 初识产品原型

在移动端 APP 产品设计中，原型是指对最终产品各个页面中内容的简单呈现，是用于表现原型设计思想的示意图，称之为原型图或线框图。

原型图是为了说明用户将如何与产品进行交互，其阅读原型图的角色主要有：产品经理、产品开发部同事、UI 设计师和测试工程师。原型图无论如何设计，一定要体现出用户在每个页面上期望看到的内容，以及这些内容在页面上的优先级。在某些情况下，原型图可以先被抽象成一个个模块组合，然后再去细化每个模块中的内容及其展示形式。

APP 产品原型设计的表现手法主要有 3 种：手绘原型、低保真原型和高保真原型。

1. 手绘原型

顾名思义，手绘原型是指绘制在纸或白板上面的原型图，如图 4-4 所示。在产品开发初期，使用手绘原型的方法非常高效，也方便与同事讨论和重构，用便签纸编上序号贴在某个手绘草图上，当作页面之间的跳转。手绘原型图属于低保真原型图范畴，在绘制时使用交互原型钢尺可以提高绘制效率，如图 4-5 所示。

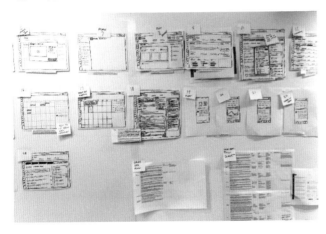

图 4-4　手绘原型图　　　　　　　　　　　　图 4-5　交互原型钢尺

2. 低保真原型图

低保真原型图是对产品进行简单的模拟，只关注功能、结构、流程，原型图上只提供最简单的框架和元素，用于表现最初的设计理念和思路，如图 4-6 所示。其优点是省时、高效，缺点是不能实现与用户的互动，需要比较高的沟通成本。

3. 高保真原型图

高保真原型是指高保真灰度线框图或者产品的演示示例，如图 4-7 所示。高保真原型图界面布局和交互效果与实际产品完全等效，其用户体验也与真实产品非常贴近。

图 4-6　低保真原型图

图 4-7　高保真原型图

4. 原型图的使用

在这 3 种程度的原型中，每种原型图都代表产品开发的进展程度，这里给出示意图来解释原型图的使用过程，如图 4-8 所示。

图 4-8　原型图与产品开发流程的关系

需要特别说明的是，在实际工作中对低保真与高保真的定位并非明确统一，可能会出现在 A 公司制作的高保真原型图，而在 B 公司会认为是低保真原型图，这就需要设计师适应客户产品开发进度，选择适合的原型图绘制精度，因为包含交互功能的高保真原型图非常耗费时间。

4.3 原型制作工具——Axure RP

4.3.1 Axure RP 界面认知

Axure RP 是一款专业的快速原型设计工具，能够快速制作出产品原型、线框图和流程图等，Axure RP 设计的产品原型可以完整清晰地表达出设计思路，便于各方面的设计人员进行协同工作。软件启动后的界面如图 4-9 所示。

Axure RP
界面认知

◎ 页面面板：所有页面文件都存放在这个位置，可以在这里增加、删除、修改、查看页面，也可以通过鼠标拖曳调整页面顺序以及页面之间的关系。

◎ 元件库面板：用于存放软件自带的元件和从第三方获取的元件。

◎ 母版面板：公用类元素（导航栏、页面头部、按钮等）可以存放在母版中，当再次使用时，直接从母版中拖曳出元素即可，无需再重新绘制。

◎ 检视面板：可以设置选中元件的标签、样式，添加与该元件有关的注释，以及设置页面加载时触发的事件。

◎ 大纲面板：可以添加、删除动态面板的状态，以及调整状态的排序，类似于 Photoshop 中的图层面板。

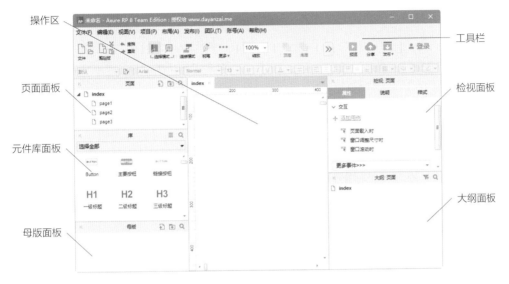

图 4-9　Axure RP 启动界面

由于 Axure RP 涉及的操作非常多，后续内容仅对移动端 APP 开发过程中常见的操作进行讲解，更多操作方法需要读者自己扩充学习。

4.3.2　Axure RP 基本操作

1．添加元件到操作区

启动 Axure RP 后，在界面左侧元件库中，拖曳任意一个元件到操作区即可完成添加元件的操作，选中某个元件即可在右侧面板中对元件各种参数进行设置，如图 4-10 所示。

Axure 基本操作

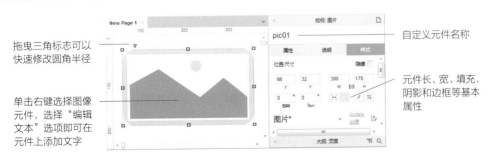

图 4-10　添加图像元件到画布

第1章
第2章
第3章
第4章
第5章
第6章

2．设置形状外观

从元件库中拖曳出矩形元件，单击元件右上角灰色圆点，即可打开形状列表，如图 4-11 所示。选择任何一个外观，即可将矩形元件改变为其他形状。

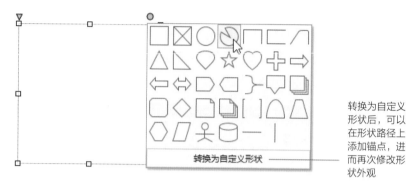

转换为自定义形状后，可以在形状路径上添加锚点，进而再次修改形状外观

图 4-11　改变矩形元件的形状

3．设置文本框

从元件库中拖曳出文本框元件，在右侧面板中切换至"属性"标签，如图 4-12 所示。

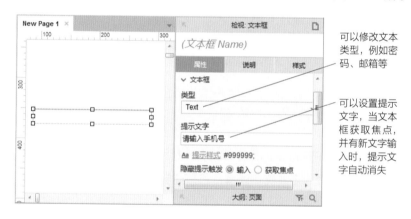

可以修改文本类型，例如密码、邮箱等

可以设置提示文字，当文本框获取焦点，并有新文字输入时，提示文字自动消失

图 4-12　文本框元件

4．元件的层级关系与组合元件

当绘制多个元件时，元件之间的层级关系可以通过"大纲"面板来查看，如图 4-13 所示。单击右键选择某个元件，在二级菜单中选择"顺序"选项，即可调整元件的层级关系。

可将多个元件组合在一起，实现共同移动、选取和添加交互等操作，组合与取消组合的快捷为【Ctrl+G】和【Shift+Ctrl+G】。

5．载入元件库

元件库是使用频率非常高的面板，软件除了自带的一些元件外，作为设计师还应有自己的元件库或使用第三方元件库，以此来提高绘制原型图的效率。

从网络上获取第三方元件库，文件后缀为".rplib"，在"元件库"面板中，单击菜单按钮，选择"载入元件库"选项即可，如图 4-14 所示。载入完成后，可以在当前面板的下拉菜单中选择相应的元件库。

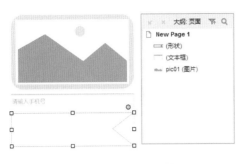

图 4-13　元件的层级关系

图 4-14　载入元件库

6. 预览原型图

预览原型的快捷键为【F5】, 或者在页面工具栏中单击"预览"按钮即可在浏览器中预览。

4.3.3　绘制手机原型存放于自己的元件库

之前讲解了载入第三方元件库的方法, 但建议设计师应创建自己独有的元件库, 其目的是可以将工作中基础性原型图存放其中, 加快开发速度。这里以绘制手机外轮廓为例, 向读者介绍如何将绘制好的元件存放于自己的元件库。

1. 创建元件库

① 在 Axure RP 左侧"元件库"面板菜单中, 选择"创建元件库"选项, 如图 4-15 所示。

② 此时, 弹出"保存 Axure RP 元件库"对话框, 根据需要设置自定义元件库的名称和保存的位置。随后, 进入新创建的元件库编辑环境。

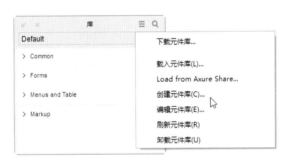

图 4-15　"创建元件库"选项

2. 在元件库中绘制主体屏幕

在新创建的元件库编辑环境中, 绘制原型前首先要确定绘制比例, 元件的长和宽的具体像素数在绘制原型时并不是很重要。例如 iPhone 6 的屏幕分辨率为 750px×1334px, 宽高比约为 0.562, 这里可以按照 1∶1 的比例绘制, 也可以使用其他分辨率绘制, 只要宽高比约为 0.562 即可。

这里从 Axure RP 左侧系统默认元件库中拖曳出一个矩形, 修改其长宽尺寸为 375px×667px, 并改变其填充色为深色, 无描边颜色, 此时主体屏幕绘制完成。

3. 绘制手机外轮廓

① 从元件库中拖曳出一个矩形, 放置在之前绘制的主体屏幕的下一层, 矩形大小只要

比例协调即可。

② 选中矩形元件，拖曳元件左上角的"黄色倒三角"标志，调整矩形的圆角半径，如图 4-16 所示。

③ 继续从元件库中拖曳出矩形和椭圆形，绘制听筒和 Home 键，如图 4-17 所示。至此，手机外轮廓绘制完成。全选所有元件，按下【Ctrl+G】组合键将所有元件进行组合。

图 4-16　调整矩形圆角半径　　　图 4-17　手机外轮廓（浅色）

④ 在 Axure RP 左侧"页面"面板中新建页面，并进行重命名。将之前绘制完成的手机外轮廓修改填充色为深色，如图 4-18 所示，这样做的目的是让当前元件库中包含多个元件，便于多种场合的应用。

图 4-18　手机外轮廓（深色）

4. 使用自己的元件库

① 在 Axure RP 中新建空白文档，在"库"面板的菜单栏中执行"载入元件库"命令，

在弹出的对话框中选择之前新建的元件库。

② 在"库"面板的菜单栏中执行"刷新元件库"命令，之前做的手机外轮廓（深／浅）即可显示在元件库中，如图 4-19 所示，设计师使用时只需从元件库中拖曳即可。

图 4-19　绘制手机原型存放于自己的元件库

4.3.4　多页面巩固练习（金融类 APP 原型图绘制）

前面已经讲述了，交互设计师在产品经理对产品综合定位描述的基础上，需要为 APP 产品绘制原型图，然后在原型图的基础上为页面中的元件添加交互功能。这里为了让读者快速掌握页面交互的实现方法，以金融类 APP 为例，先实现多个页面原型图的绘制，然后再讲解常见交互的实现方法。

多页面巩固（金融类 APP 原型图绘制）

在 Axure RP 中绘制原型图比较简单，APP 页面中的元件可以从元件库中拖曳，或者对矩形、椭圆形、占位符、文本标签等简单元件进行修改即可成型。鉴于篇幅有限，这里不再使用文字描述页面的制作过程，更多细节请读者扫描二维码查看相关视频。图 4-20 ~ 图 4-26 为 APP 产品主要的页面原型。

图 4-20　页面结构　　图 4-21　APP 启动图标　　图 4-22　引导页（1）　　图 4-23　引导页（2）

第1章

第2章

第3章

第4章

第5章

第6章

交互设计与原型图绘制

图 4-24　首页　　　　　图 4-25　登录页　　　　　图 4-26　注册页

4.4 Axure RP常见的交互应用

　　本节将使用之前绘制的多个原型图界面来讲解交互的常见应用。按照之前绘制原型图的逻辑顺序，用户在使用此款 APP 时部分简易步骤如下。

　　① 在图 4-21 中，单击 APP 启动图标，进入图 4-22 所示的引导页。

　　② 向左滑动屏幕后，进入图 4-23 所示的第二个引导页，单击"马上体验"按钮，进入图 4-24 所示的首页。

　　③ 在首页中，单击右下角"我的"图标按钮，进入图 4-25 所示的登录页面，正常登录后再次进入首页。

　　④ 在登录页中，单击"注册享好礼"文字链接，进入图 4-26 所示的注册页。

　　此外，在 APP 首页中，Banner 区域的轮播图可以左右滑动，下半部分项目列表区域可以上下滚动。

4.4.1　页面跳转

　　在 Axure RP 中交互主要有两大类，一类是页面或窗口这种全局类的交互，另一类是某个具体的元件，在触发事件发生时发生的交互。

　　在鼠标不选择任何元件的情况下，此时"检视"面板显示的是有关页面的交互属性，如图 4-27 所示；选中某个元件时，"检视"面板显示的是当前元件的交互属性，如图 4-28 所示。

图 4-27　页面交互属性　　　　　　图 4-28　元件交互属性

就本例而言，单击 APP 启动图标，进入引导页的交互功能如下。

① 选中 APP 启动图标，在图 4-28 中"交互"组别中双击"鼠标单击时"文字链接。

② 此时弹出图 4-29 所示的"用例编辑"对话框。在左侧"添加动作"列表中选择"链接"→"打开链接"。此时，在"组织动作"列表中，软件自动显示动作的执行顺序。

③ 在"配置动作"区域的"打开位置"区域，选择"引导页"，如图 4-29 所示。最后单击"确定"按钮，整个动作添加完成，如图 4-30 所示。

图 4-29　"用例编辑"对话框

图 4-30　添加交互动作

④ 在软件工具栏中，单击"预览"按钮，可以在浏览器端预览之前设置的交互动作，单击 APP 启动图标，页面跳转至引导页的第一个页面。

4.4.2　引导页左右滑动效果

一些常见的交互效果都是通过 Axure RP 中的"动态面板"实现的，而该元件又是 Axure RP 中使用非常频繁、非常重要的元件。

引导页左右
滑动效果

1. 动态面板

Axure RP 中"动态面板"的主要用途就是实现一些动态的交互效果，而这些交互效果包括隐藏与显示效果、滑动效果、拖动效果、多状态效果。

在元件库中选择"动态面板"元件，将其拖曳到编辑区。此时，大纲面板中显示当前"动态面板"的状态，如图 4-31 所示。双击"动态面板"即可打开"动态面板状态管理"对话框，如图 4-32 所示，双击"状态 1"或"状态 2"即可进入编辑状态。

图 4-31　动态面板　　　　　　　　　　图 4-32　"动态面板状态管理"对话框

2. 使用"动态面板"实现引导页左右滑动效果

① 使用之前绘制好的原型图，切换至"引导页"页面。

② 从元件库中拖曳"动态面板"至编辑区，并将"动态面板"宽、高分别设置为 375px、667px。

③ 将第一个引导页中的内容，放入"动态面板"的"状态 1"中，如图 4-33 所示；将第二个引导页中的内容，放入"动态面板"的"状态 2"中，如图 4-34 所示。

图 4-33　状态 1　　　　　　　　　　　　图 4-34　状态 2

④ 切换回"引导页"页面，选中"动态面板"，并在右侧"检视"面板中双击"向左拖动结束时"交互动作，如图 4-35 所示。

该名称是为"动态面板"起的名字，后期设置动作时会使用到该名称。如果不为元件设置名称，则很容易出现多个相同的元件不知道选择哪个的情况

图 4-35　为"动态面板"添加交互动作

⑤ 随后，弹出"用例编辑"对话框。在"添加动作"列表中选择"设置面板状态"选项，在"配置动作"列表中选择"Set 闪屏"，并在"选择状态"下拉列表中选择"状态 2"，这是因为当"状态 1"向左滑动时，"状态 2"被牵制着也要向左滑动出来，具体参数设置如图 4-36 所示。

图 4-36　设置页面向左滑动效果

⑥ 同理，如果第二个引导页向右滑动，也应该出现第一个引导页的内容。参照步骤④和步骤⑤的方法，设置"向右拖动结束时"的动作。

⑦ 进入"动态面板"的"状态 2"编辑状态，为"马上体验"按钮增加跳转至"首页"的交互动作，如图 4-37 所示。

交互设计与原型图绘制

图 4-37　设置引导页跳转至首页的交互动作

长页面上下
滚动效果

4.4.3　长页面上下滚动效果

长页面上下滚动效果是指当页面某区域内容较多时，用户可以通过上下滑动屏幕，来获取更多的信息。本例中，用户上下滑动项目列表区域，则可以看到更多信息。在 Axure RP 中实现这一效果需要设置两个嵌套的动态面板，为了能让读者快速理解，这里给出页面间的结构示意图，如图 4-38 所示。

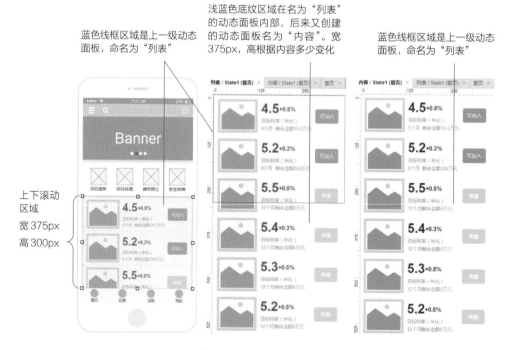

图 4-38　页面间的结构示意图

1. 创建结构

① 在 Axure RP 中，切换到之前绘制完成的"首页"页面。从元件库中拖曳动态面板元件至编辑区，设置宽、高分别为 375px、300px，将其命名为"列表"。

② 双击"列表"动态面板，在弹出的对话框中选择"State1"，如图 4-39 所示。单击"确定"按钮，随后进入编辑状态。

图 4-39　选择名为"列表"的动态面板的状态

③ 再次从元件库中拖曳动态面板元件至编辑区，设置宽、高为 375px 和 660px 大小，将其命名为"内容"。

④ 重复步骤 ② 的过程，进入"内容"动态面板的编辑状态，将之前绘制好的各类元件放置在当前动态面板中。至此，长页面上下滚动效果的多个页面间的结构关系创建完成。

2. 添加交互

① 切换回"首页"页面，选中"列表"动态面板，在右侧"检视"面板的属性列表中双击"拖动时"选项，如图 4-40 所示。

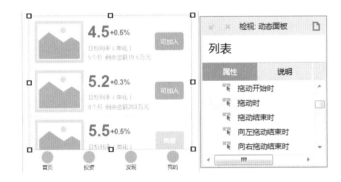

图 4-40　添加"拖动时"动作

② 此时弹出"用例编辑"对话框。在左侧"添加动作"列表中选择"元件"→"移动"选项；在右侧"配置动作"列表中选择"列表（动态面板）"→"内容（动态面板）"选项；在"移动"下拉菜单中选择"垂直拖动"选项，如图 4-41 所示。

③ 由于之前绘制了两个嵌套的动态面板，所以拖动"列表"动态面板（375×300）的过程，其实就是拖动"内容"动态面板（375×660）的过程。那么，这里就需要为"内容"动态面板设置移动边界距离。

"内容"动态面板的上边界向下滑动时不能离开顶部，所以设置边界为"顶部小于等于 0"。下边界上滑的界限是"内容"动态面板和"列表"动态面板的底部在同一 y 轴，则其

交互设计与原型图绘制

第1章

第2章

第3章

第4章

第5章

第6章

顶部的最高位置为（660-300），因为在负轴所以是"-360"。

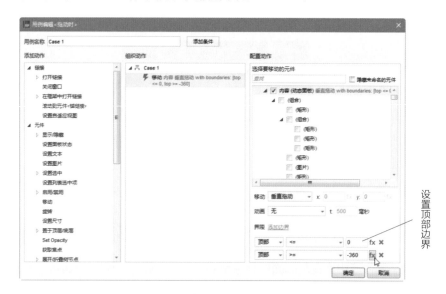

图4-41 "用例编辑"对话框

④ 此外，还可以使用添加局部变量的方式，让软件自动计算能够滑动多少距离。在图4-41中，单击右下角"fx"图标，弹出"编辑值"对话框，如图4-42所示。

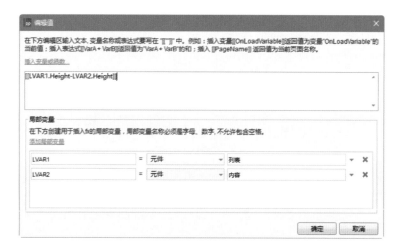

图4-42 使用局部变量设置顶部边界可以移动的距离

至此，长页面上下滚动效果制作完成，读者可以按下【F5】快捷键在浏览器中预览。

4.4.4 弹出消息框效果

弹出消息框效果在APP中经常出现，本例中弹窗效果过程描述如图4-43所示。

单击消息图标，新消息弹窗出现，关闭弹窗，红色提示点消失

黄色区域是被隐藏的动态面板，也是放置具体消息弹窗的动态面板

消息弹窗从底部滑动上来，整个消息弹窗由动态面板制作而成

单击"立即查看"按钮进入消息列表页面

单击"稍后阅读"按钮当前弹窗自上而下滑动退出

图 4-43 弹出消息框效果过程描述

具体制作步骤如下：

① 在 Axure RP 中，切换到之前绘制完成的"首页"页面。在右上角"消息"图标旁边绘制红色底纹填充的圆形元件，并且将该元件命名为"信息提示红点"。

弹出消息框效果

然后，从元件库中拖曳动态面板元件至编辑区，设置宽、高分别为 375px、410px，将其命名为"消息框"。右键选择该动态面板，选择右键菜单中的"设为隐藏"选项，此时该动态面板颜色从浅蓝色变为浅黄色。

② 双击名为"消息框"的动态面板，在弹出的对话框中单击"＋"号新增面板状态"State2（状态 2）"，如图 4-44 所示。

③ 在"消息框"的动态面板的"State2"中，绘制新消息弹窗内容，如图 4-45 所示。

④ 切换到"首页"页面，选择右上角的消息图标。在右侧"检视：形状"面板中双击"鼠标单击时"选项，如图 4-46 所示。

图 4-44 新增面板状态"State2"

图 4-45 新消息的弹窗内容

图 4-46 增加交互动作

第1章
第2章
第3章
第4章
第5章
第6章

交互设计与原型图绘制

⑤ 随后弹出图 4-47 所示的对话框。在左侧"添加动作"列表中选择"元件"→"设置面板状态"选项；在右侧"配置动作"列表中勾选"Set 消息框"选项；在"选择状态"下拉列表中选择"State2"；勾选"如果隐藏则显示面板"选项。

随后，通过预览可以发现，单击"首页"右上角"消息"图标后，从屏幕下方滑入"新消息"对话框。

图 4-47　为"新消息"弹窗设置出现动作

⑥ 返回 Axure RP 中，并进入"消息框"动态面板的"State2"编辑状态。选择"稍后阅读"按钮，在右侧"检视：矩形"面板中双击"鼠标单击时"选项，如图 4-48 所示。

图 4-48　为"稍后阅读"按钮增加动作

⑦ 随后，弹出如图 4-49 所示的对话框。在左侧"添加动作"列表中选择"元件"→"显示/隐藏"→"隐藏"选项；在右侧"配置动作"列表中勾选"消息框"选项，并在下方"动画"方式中选择"向下滑动"；勾选"消息提示红点"选项，并在下方"动画"方式中选择"逐渐"选项。

随后，通过预览可以发现，单击"稍后阅读"按钮后，"新消息"弹窗从屏幕中央向下滑出屏幕，并且"首页"右上角提示有新消息的"小红点"逐渐消失。

图 4-49 为"稍后阅读"按钮设置动作过程

4.4.5 侧边栏菜单滑入效果

在 APP 中单击某个功能图标进入更为详细的菜单页面是常见的场景。对于此种场景，有多种交互处理方法：① 直接进入"菜单"独立的页面；② 整个屏幕主体向右侧滑动偏移，菜单从左侧挤入屏幕；③ 主体屏幕透明度降低，菜单从左侧滑入。这里以第 3 种场景为例，向读者介绍侧边栏菜单滑入效果，具体效果过程描述如图 4-50 所示。

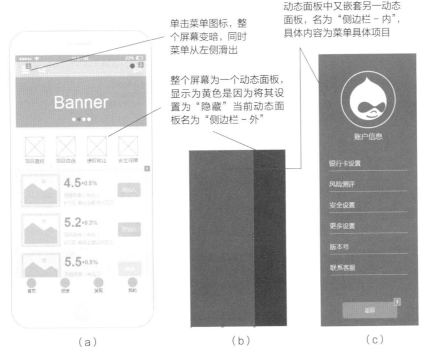

图 4-50 侧边栏菜单滑入效果

具体实现步骤如下：

① 切换到之前绘制完成的"首页"页面。绘制大小为 357px×667px 的动态面板，放置在整个屏幕的最上方，并将其命名为"侧边栏 – 外"。右键选择该动态面板，执行右键菜单中的"设为隐藏"选项。

② 双击"侧边栏 – 外"动态面板，为面板新增"State2"，并进入"State2"的编辑环境。绘制大小为 357px×667px 的矩形，修改矩形的填充色为深色，透明度设置为 80%。

③ 然后，绘制大小为 250px×667px 的动态面板，放置在屏幕的左侧，并将其命名为"侧边栏 – 内"，此时页面效果如图 4-50（b）所示。

④ 双击"侧边栏 – 内"动态面板，为面板新增"State2"，并进入"State2"的编辑环境，绘制具体的菜单内容，此时页面效果如图 4-50（c）所示。

⑤ 切换到"首页"页面，选择左上角的"菜单"图标，为其添加"鼠标单击时"的交互用例，具体设置如图 4-51 所示。

在对话框左侧"添加动作"列表中选择"元件"→"设置面板状态"选项；在右侧"配置动作"列表中勾选"侧边栏 – 外"选项；在"选择状态"下拉列表中选择"State2"；"进入动画"和"退出动画"均设置为"逐渐"。

在对话框左侧"添加动作"列表中选择"元件"→"设置面板状态"选项；在右侧"配置动作"列表中勾选"侧边栏 – 内"选项；在"选择状态"下拉列表中选择"State2"；"进入动画"设置为"向右滑动"。

图 4-51 设置主屏幕变暗、菜单向右滑动动作

⑥ 切换至"侧边栏 – 内"动态面板的"State2"状态，即 4-50（c）所示的页面。选择底部"返回"元件，为其增加"单击鼠标时"的交互用例。

⑦ 在对话框左侧"添加动作"列表中选择"元件"→"显示 / 隐藏"→"隐藏"选项；

在右侧"配置动作"列表中勾选"侧边栏 - 外"选项；"可见性"选择"隐藏"；"动画"设置为"逐渐"，如图 4-52 所示。

图 4-52　设置退出菜单返回主界面的交互动作

随后，通过预览可以发现，单击"菜单"按钮后，主屏幕变暗，菜单从左侧屏幕向右滑入，单击菜单中的"返回"按钮，菜单逐渐消失，又返回到 APP 的"首页"页面。

4.4.6　表单验证与登录交互

可以说每款 APP 产品都会有表单验证与登录交互，这里以登录 APP 的交互过程为例，向读者讲解 Axure RP 中有关条件判定的知识。

用户登录的逻辑判断过程相对比较复杂，为了让读者清晰地理解在 Axure RP 中如何设置条件语句，这里简化登录时的逻辑判断难度，但其基本原理不变。具体判断条件描述如下：

表单验证与
登录交互

① 约定"用户名"为"1"且"密码"也为"1"时，单击"登录"按钮可以正常登录，页面跳转至"首页"页面。

② 当用户在不输入"用户名"或"密码"的情况下，单击"登录"按钮，则屏幕下方出现"您输入的手机号 / 密码为空！"文字提醒信息，如图 4-53 所示。

③ 当用户在"用户名"和"密码"文本框中输入非"1"时，单击"登录"按钮，则屏幕下方出现"您输入的手机号 / 密码错误！"文字提醒信息，如图 4-54 所示。

④ 无论上述何种情况出现，只要"用户名"和"密码"两个元件获取焦点，屏幕下方的"提示"文字逐渐消失。

图 4-53 "用户名"或"密码"输入不全的情况　　图 4-54 "用户名"或"密码"输入错误的情况

1. 准备工作

① 切换到之前绘制完成的"登录"页面，在页面下方绘制大小为 320px×48px 的动态面板，并将该动态面板命名为"提示"。

② 双击"提示"动态面板，为其增加 2 个状态，如图 4-55 所示。分别进入"为空"和"错误"两个状态，添加"您输入的手机号 / 密码为空！"和"您输入的手机号 / 密码错误！"两段文字。

③ 切换至"登录"页面，分别选择页面中的 2个文本框，将其名称均设置为"Input Field"。选择

图 4-55 为"提示"动态面板增加状态

"手机号 / 用户名"与下方的文本框，按下【Ctrl+G】快捷键进行编组，并将该组命名为"用户名"，如图 4-56 所示。同样的操作方法，将"密码"与下方文本框组合在一起，如图 4-57 所示。

图 4-56 "用户名"编组　　　　　　　　　图 4-57 "密码"编组

2．为文本框设置交互动作

① 选择"手机号／用户名"下方的文本框，在右侧"检视：文本框"窗口中，为其添加"获取焦点时"和"失去焦点时"的交互动作，如图4-58所示。

② 选择"密码"下方的文本框，按照上述设置过程进行相同的设置。

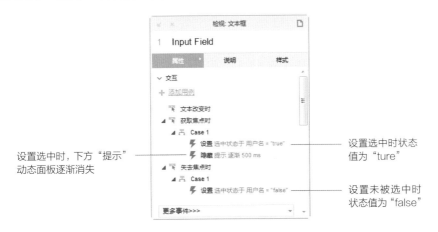

设置选中时，下方"提示"动态面板逐渐消失

设置选中时状态值为"ture"

设置未被选中时状态值为"false"

图4-58　为文本框设置交互动作

3．为"同意协议并登录"按钮设置交互动作

（1）正常登录的情况

① 切换至"登录"页面，选中"同意协议并登录"按钮。在右侧"检视"窗口中，为其添加"鼠标单击时"的交互动作。

② 随后，在打开的"用例编辑"对话框顶部，单击"添加条件"按钮。这时弹出"条件设立"对话框，如图4-59所示。

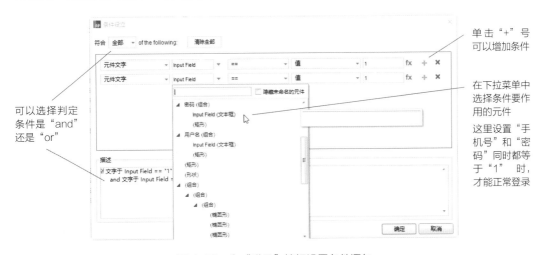

可以选择判定条件是"and"还是"or"

单击"+"号可以增加条件

在下拉菜单中选择条件要作用的元件

这里设置"手机号"和"密码"同时都等于"1"时，才能正常登录

图4-59　为"登录"按钮设置条件语句

③ 设置完判定条件后，返回"用例编辑"对话框。在左侧"添加动作"列表中选择"链接"→"打开链接"→"当前窗口"选项；在右侧"配置动作"列表中勾选"首页"选项，如图4-60所示。

图 4-60　设置跳转页面动作

　　至此，只要"手机号 / 用户名"和"密码"输入均为"1"时，单击按钮就会跳转至"首页"页面。

　　（2）不输入"手机号 / 用户名"或"密码"，直接单击"登录"按钮的情况

　　① 切换至"登录"页面，选中"同意协议并登录"按钮，继续为该按钮添加用例。

　　② 参照之前设置条件的方法，为当前状态设置判定条件，即"手机号 / 用户名"或"密码"只要有其中一个没有填写内容，则执行后续动作，如图 4-61 所示。

　　③ 设置完判定条件后，返回"用例编辑"对话框。在左侧"添加动作"列表中选择"元件"→"设置面板状态"选项；在右侧"配置动作"列表中勾选"提示"选项，并在下方"选择状态"下拉列表中选择"为空"；勾选"如果隐藏则显示面板"复选框，具体交互判定的动作如图 4-62 所示。

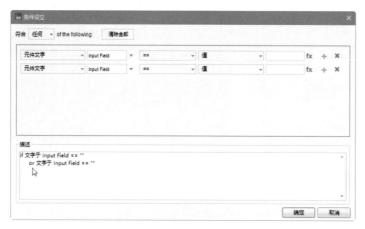

图 4-61　设置判定条件

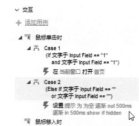

图 4-62　"为空"时的交互动作

　　（3）"手机号 / 用户名"或"密码"错误时的情况

　　① 切换至"登录"页面，选中"同意协议并登录"按钮，继续为该按钮添加用例。

② 参照上一步骤的方法，为当前状态设置判定条件，具体动作如图 4-63 所示。

图 4-63　"错误"时的交互动作

至此，通过预览可以发现，"登录"页面在特定条件下才会触发的交互动作，完全按照之前预定的情况执行。

最后需要说明的是，Axure RP 的很多操作内容本书中没有涉及，也有许多交互效果来不及向读者讲解，希望读者后续自行查阅相关资料进行拓展学习。

4.5　学习反思

【思考】

1. 交互设计师的工作任务是什么？

2. 简述产品开发中的层级关系。

3. 产品原型的表现手法分为哪几类。

【动手】

1. 访问墨刀（http://www.modao.cc/）官方网站，并完成注册流程。体验墨刀交互设计工具的使用方法。

2. 根据本章所学，将图 4-64 所示的元件制作为元件库。

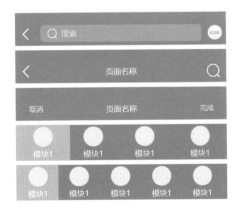

图 4-64　绘制 APP 页面顶部和底部常见元件

交互设计与原型图绘制

第 5 章

APP 界面设计与实战

【本章导读】

根据工作流程，在原型图绘制完成后，将由 UI 设计师对页面进行创意设计。本章在讲解基本概念的基础上，向读者介绍 iOS 与 Android 的设计规范，并结合实际工作案例，从产品定位和竞品分析开始，一步步向读者讲解设计师是如何完成页面设计的。

【学习目标】

◇ 掌握 px、pt、ppi、dpi 和 dp 等常见术语的含义。

◇ 了解当前市场环境下手机屏幕的尺寸。

◇ 掌握 iOS 与 Android 的设计规范。

◇ 掌握 APP 产品 UI 设计的流程与方法。

5.1 认识APP应用程序及其相关概念

APP 是英文 Application 的简称。在目前移动互联网兴起的环境下，APP 是指智能手机的第三方应用程序。获取 APP 的主要平台有：苹果商店、谷歌商店、微软商店，此外还有华为应用市场和小米应用市场等。

市场上 APP 的数量众多，大致可以分为以下几种：社交通讯类、影音类、新闻阅读类、地图类、拍摄美化类、网购类、金融类和生活消费类等。

5.1.1 常见术语

前文已经对浅显的概念加以描述，这里继续巩固加深相关基本概念，为的是让读者能在工作中能够理解平台适配、切图和标注等环节的扩展知识。

1. Screen Size（屏幕尺寸）

一般所说的屏幕尺寸如 5.8 英寸、5.5 英寸、5.1 英寸和 4.7 英寸等，是指手机屏幕对角线的长度，而不是手机面积。

2. px

px（Pixel，像素）是指电子屏幕上显示数据的最基本的点。点越小画面越清晰，称它为"分辨率高"；反之，就是"分辨率低"。所以，"点"的大小是会"变"的，也称为"相对长度"。

3. pt

pt（Point）是一种长度单位，等于 1/72 英寸，也称为"绝对长度"。该单位是由 iPhone 开发者提出的，因为最初代的 iPhone 手机屏幕像素密度为 163ppi，但到了 iPhone 4 的时候 px 密度为 326ppi，这时初代的 1px 和 iPhone 4 下的 1px 显示尺寸不相等了，于是 pt 概念被提出，约定采用初代 iPhone 的 1 个像素点大小作为基准，记作 1pt。

同样，Android 平台的开发者也遇到同样的问题，Google 提出的解决方案是引入 dp（Density Independent Pixels）这一概念，基准是 160ppi 下的 1px=1dp。

4. ppi（像素密度）

ppi 的计算公式为：

$$ppi= 屏幕对角线上的像素点数 / 对角线长度$$
$$=\sqrt{（屏幕横向像素点^2+屏幕纵向像素点^2）} / 对角线长度$$

5. 分辨率

（1）物理分辨率

物理分辨率是指硬件所支持的分辨率，其含义是指显示屏最高可显示的像素数，用屏幕实际存在的像素行数乘以列数的数学表达方式进行表示，屏幕中某个点称为物理像素。

（2）逻辑分辨率

逻辑分辨率是指软件可以达到的分辨率，其含义是页面上抽象的像素点的数量，此时的点称为逻辑像素。例如，设计时用的单位是 pt，则可以说是逻辑分辨率尺寸；如果设计时用的单位是 px，则可以说是物理分辨率尺寸。

（3）物理分辨率与逻辑分辨率的关系

在实际工作中，程序员必须将 UI 设计师提供的设计图稿（物理像素）转换成逻辑像素，并通过逻辑像素来控制页面中的内容。

为了加深对概念的理解，这里以举例形式讲解物理分辨率与逻辑分辨率的关系，如图 5-1 所示。

图 5-1　物理分辨率与逻辑分辨率的关系

对于 iPad mini 来讲，逻辑像素与物理像素是 1：1 的关系，即 1pt=1px，整个画面是由 768×1024 个物理像素与 768×1024 个逻辑像素组成。

对于 iPad mini 2 来讲，物理像素（1536×2048）比 iPad mini 的物理像素（768×1024）提高 1 倍，但显示的内容却是一模一样，均为 7.9 英寸。因此，iPad mini 2 的画面是由 1536×2048 个物理像素与 768×1024 个逻辑像素组成，即 1pt=2px。如果在 iPad mini 2 中，还继续使用 1pt=1px 的话，则所有文字给人的大小将会缩小一半，致使内容太小用户无法看清。

综上所述，设备呈像是由物理像素和逻辑像素共同构成的，物理像素在硬件层面上构成液晶屏幕，而逻辑像素在软件层面构成图形图像，二者缺一不可。

6. 倍率

（1）倍率的概念

随着硬件技术的提高，物理分辨率可以达到逻辑分辨率的多倍以上，那么就意味着在原有画布大小的设计图稿中，一个 UI 设计里的像素点在屏幕里对应着多个像素点，即 1 个逻辑像素（1pt）既可以对应 1 个物理像素（1px），也可以对应 1.5 个像素（1.5px）甚至更多，示意图如图 5-2 所示。

倍率计算公式为：倍率 = 物理像素 / 逻辑像素，用 @1x、@2x 和 @3x 进行表示。

- ◎ 1pt=1px，@1x；
- ◎ 1pt=1.5px，@1.5x；
- ◎ 1pt=2px，@2x；

◎ 1pt=3px，@3x。

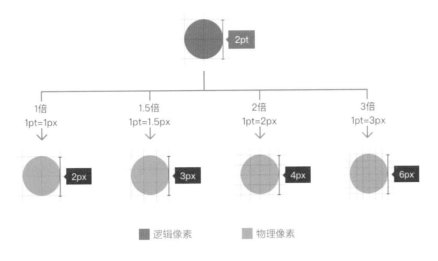

图 5-2　倍率示意图

（2）如何选择倍率

既然常见的倍率有 @1x、@2x 和 @3x，那么作为 UI 设计师在选定某个设备的物理 px 作为设计基准后，应该如何选择倍率呢？

从设计成本、效果图查看、倍率转换和切图等应用场景综合考量，这 3 种倍率中虽然 @1x 和 @3x 在某些场景中优势很大，但都存在明显的短板，相比之下 @2x 从各场景的应用来看都比较均衡，所以推荐 UI 设计师在 @2x 下进行图稿设计，具体的原因这里由于篇幅有限不再赘述。

7．dip 与 dp

dip（Density Independent pixels，与设备无关像素）与 dp 完全相同，只是名字不同而已。在早期 Android 版本里多使用 dip，但后来统一成现在使用的 dp。

在 Android 界面设计的尺寸规范中，使用 dp 作为间距单位，且默认在 ppi（像素密度）为 160dpi 的设备上 1px=1dp。这里 dp 与 px 的换算公式为：dp×ppi/160=px。

与之前所讲解的 pt 加以对比，iPhone 的 pt 与 Android 的 dp 起着同样的作用，就是把它当作设计和显示的基本单位，避免使用 px 引发适配问题。

8．sp

在 Android 界面设计的尺寸规范中，使用 sp（Scale Independent Pixels，与缩放无关的抽象像素）作为 Android 的字体单位，例如当屏幕 ppi=160，且字体大小为 100% 时，1sp=1px。这里 sp 与 px 的换算公式为：sp×ppi/160=px。

5.1.2　常见手机屏幕尺寸

1．iOS 系统下 iPhone 设备屏幕尺寸

近几年，常见的具有代表性的屏幕尺寸规格见表 5-1。

表5-1　iOS设备常见屏幕尺寸规格

手机型号	屏幕物理尺寸	屏幕密度	逻辑分辨率	物理分辨率	倍率
iPhone XS Max	6.5 英寸	458ppi	414pt × 896pt	1242px × 2688px	@3x
iPhone XS	5.8 英寸	458ppi	375 pt × 812pt	1125 px × 2436px	@3x
iPhone XR	6.1 英寸	326ppi	414 pt × 896pt	828 px × 1792px	@2x
iPhone X	5.8 英寸	458ppi	375 pt × 812pt	1125 px × 2436px	@3x
iPhone 6Plus/6s Plus /7 Plus /8 Plus	5.5 英寸	401ppi	414 pt × 736pt	1242 px × 2208px	@3x
iPhone 6/6S/7/8	4.7 英寸	326ppi	375 pt × 667pt	750 px × 1334px	@2x
iPhone 5/5S/5C	4.0 英寸	326ppi	320 pt × 568pt	640 px × 1136px	@2x

在实际工作中，绝大多数情况下 UI 设计师使用 iPhone 6 的物理分辨率来制作设计稿，但自从 iPhone X 这种包含"刘海"的屏幕被推出后，屏幕适配问题就显得尤为突出，这里仅向读者简单讲解有关 iPhone X 的适配知识，更多资源请查阅 Apple 官网进行学习了解。

在真正决定屏幕内容的逻辑分辨率中，iPhone X 与过去熟知的 iPhone 6（4.7 英寸屏）宽度相同，均为 375pt。通俗地说，iPhone X 可以看作是 iPhone 6（4.7 英寸屏）的加长版，其内容增加大约 20% 的垂直空间，示意图如图 5-3 所示。

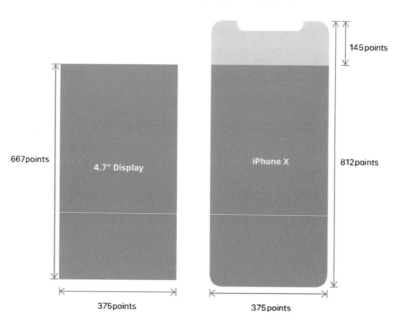

图 5-3　4.7 英寸屏幕与 iPhone X 的屏幕对比

需要提醒读者的是，由于 iPhone X 屏幕上的"刘海"以及屏幕四周采用圆角的设计，所以 UI 设计师还需要对绘图区域进行调整，即页面内容不能超出安全区域，并且应该避免将触发交互行为的按钮放置在屏幕底部（iPhone X 底部横条为 Home 键），如图 5-4 所示。

图 5-4　iPhone X 安全区域示意图

2．Android 系统下设备屏幕尺寸

由于 Android 系统的开放性，支持 Android 系统的设备（手机、平板、电视和手表等）随之增多，屏幕碎片化也在不断加深。按照 Google 官方指定像素密度划分标准，这里给出 Android 系统分辨率划分及其对应参数，具体见表 5-2。

表5-2　Android系统分辨率划分及其对应参数

分辨率（px×px）	240×320	320×480	480×800	1280×720	1920×1080	3840×2160
分辨率英文简写	ldpi	mdpi	hdpi	xhdpi	xxhdpi	xxxhdpi
倍率	x0.75	x1	x1.5	x2	x3	x4
换算	1dp=0.75px	1dp=1px	1dp=1.5px	1dp=2px	1dp=3px	1dp=4px

目前，市场上常见的具有代表性的设备屏幕尺寸规格见表 5-3。

表5-3　Android设备常见屏幕尺寸规格

手机型号	屏幕物理尺寸	屏幕密度	逻辑分辨率	物理分辨率	倍率
HUAWEI P20	5.8 英寸	428ppi	360 dp×748dp	1080 px×2244px	@3x
HUAWEI P10	5.1 英寸	432ppi	360 dp×640dp	1080 px×1920px	@3x
HUAWEI P10 Plus	5.5 英寸	540ppi	360 dp×640dp	1440 px×2560px	@4x
Vivo X9 (X9, X9s)	5.5 英寸	401ppi	360 dp×640dp	1080 px×1920px	@3x
小米 6	5.15 英寸	428ppi	360 dp×640dp	1080 px×1920px	@3x
红米 4 (4, 4X)	5.0 英寸	296ppi	360 dp×640dp	720 px×1080px	@2x
Oppo R9s (R9s, R11)	5.5 英寸	401ppi	360 dp×640dp	1080 px×1920px	@3x

手机型号	屏幕物理尺寸	屏幕密度	逻辑分辨率	物理分辨率	倍率
Oppo A37	5.0 英寸	293ppi	360 dp×640dp	720 px×1080px	@2x
Samsung Galaxy S8	5.8 英寸	570ppi	360 dp×740dp	1440 px×2960px	@4x

结合友盟发布的 Android 设备分辨率排行榜数据来分析，目前逻辑 px 为 360dp×640dp 的设备占有率将近 3/4，再结合近些年 Android 分辨率发展的趋势，可以判断出 Android 手机分辨率在未来较长的一段时间内将分布在以下几个分辨率内：720px×1280px（@2x）、1080px×1920px（@3x）、1440 px×2560 px（@4x）、2160 px×3840 px（@6x），而上述所有分辨率对应的逻辑分辨率均为 360dp×640dp。至此，可以推断在 @2x 情况下，Android 平台采用 720 px×1280 px 的屏幕尺寸作为基准尺寸最为合适。

5.2 设计规范

无论是 iOS 平台，还是 Android 平台，在字体、图标、版面布局方面都有一定的约束条件，UI 设计师只有在这种设计规范下进行创作，才能使后期图稿规范统一。

5.2.1 iOS 设计规范

1. iPhone 界面尺寸

工作中，针对 iOS 平台下的 iPhone 设备，为了后期适配方便，UI 设计师一般选择 iPhone 6 的尺寸作为设计基准。由于 iPhone 设备型号较多这里仅罗列常用的 iPhone 界面尺寸（见表 5-4），示意图如图 5-5 所示。

表5-4　常见的iPhone界面尺寸

设 备名 称	物 理分辨率	PPI	状态栏高 度	导航栏高 度	标签栏高 度	Home 组件高 度
iPhone X	1125px×2436px	458ppi	132px	135px	147px	102px
iPhone 6	750px×1334px	326ppi	40px	88px	98px	—

2. iPhone 图标尺寸

每个 APP 都包含多种图标，有 APP Store 图标、应用图标和设置图标等。这些图标也遵循一定的尺寸规范，在 iPhone 设备中最为常见的图标尺寸见表 5-5。

表5-5　常见的iPhone图标尺寸

设备名称	APP Store图 标	应 用图 标	Spotlight图 标	设 置图 标
iPhone X/8Plus/7 Plus/6S Plus/6S	1024px×1024px	180px×180px	120px×120px	87px×87px
iPhone 8/7/6S/6/SE/5S/5C/5/4S/4	1024px×1024px	120px×120px	80px×80px	58px×58px

图 5-5　常见的 iPhone 界面尺寸

3. 字体规范

在 iOS 平台下，中文字体使用"苹方（PingFang SC）"字体，英文字体使用"SF UI Text"和"SF UI Display"两种字体，其中"SF UI Text"字体适用于小于 19pt 的文字，"SF UI Display"字体适用于大于 20pt 的文字。

由于文字在 APP 中出现的位置不同，也有不同的字体大小可以参考。需特别说明的是，字号的大小是根据 APP 项目整体需求来选择的，并非固定的，但字号无论如何选择都应该为偶数。根据工作经验，常见的字号与应用场景对比明细见表 5-6。

表5-6　常见字号与应用场景对比

级别	字号	建议行距	应用场景	说明
重要	36px	42px	用在少数重要标题	如导航标题、分类名称
	30px	40px	用在较为重要的文字或操作按钮	例如首页模块名称、价格等
一般	28px	38px	用于大多数文字	例如文字段落
	26px	36px	用于大多数文字	例如小标题、模块描述等
较弱	24px	34px	用于辅助性文字	例如次要的副标语等
	22px	32px	用于辅助性文字	例如次要的备注信息等

此外，字体颜色一般很少使用纯黑色，而是采用深灰色和浅灰色，再通过字体的细体和粗体来区分重要信息和次要信息，以便进行信息层级划分。

5.2.2　Android 设计规范

1. Android 界面尺寸

工作中，针对 Android 平台下的移动设备，UI 设计师可以使用 720px×1280px 作为基准设计尺寸，也可以使用 1080px×1920px 作为基准设计尺寸。前者可一稿适配 Android 和 iOS，后者适用于单独为 Android 平台进行设计时。

2. Android 图标尺寸

在 Android 平台的移动设备中最为常见的图标尺寸见表 5-7。

表5-7　Android平台下常见图标尺寸

图标类型	mdpi (160dpi)	hdpi (240dpi)	xhdpi (320dpi)	xxhdpi (480dpi)	xxxhdpi (640dpi)
应用图标	48px × 48 px	72 px ×72 px	96 px ×96 px	144 px × 144 px	192 px × 192 px
系统图标	24px ×24 px	36 px ×36 px	48 px ×48 px	72 px ×72 px	196 px × 196 px

3. 字体规范

Android 平台下的字体规范参照 iOS 的字体规范执行。

5.2.3　边距与间距

在 APP 产品的多个页面中，页面元素的边距和间距有着举足轻重的作用。统一的边距与间距能够规范整个页面版式，使页面简洁美观。

1. 全局边距

全局边距是指页面内容到屏幕边缘的距离。整个 APP 项目使用统一的边距来进行规范，以达到视觉效果统一的目的。

在实际应用中，不同的 APP 产品可以采用不同的边距，常用的全局边距有 32px、30px、24px 和 20px 等，如图 5-6 所示。

图 5-6　全局边距

一般地，全局边距最小为 20px，如果小于 20px 则容易给用户视觉浏览上带来拥挤感。根据工作经验，24px 和 30px 是非常舒服的边距，也是绝大多数应用的首选边距。

2. 卡片间距

卡片式布局是常见的布局方式，卡片和卡片之间的距离设置需要根据界面风格和卡片承载的信息量来界定，图5-7为微信"我的"页面卡片间距，如果是电商类APP，卡片间距会设置为16px或20px，以承载更多购物信息。总之，卡片间距最小不低于16px，工作中根据需要可以设置为20px、24px、30px和40px等。

图5-7　微信"我的"页面卡片间距

3. 内容间距

格式塔邻近性原则认为：单个元素之间的相对距离会影响用户感知它是否已组织在一起，互相靠近的元素看起来属于一组，而那些距离较远的则自动划分为另一组。

在UI设计中一定要重视邻近性原则的运用，例如图5-8所示的界面中，标题与副标题之间，以及文章与文章之间距离有明显差异。

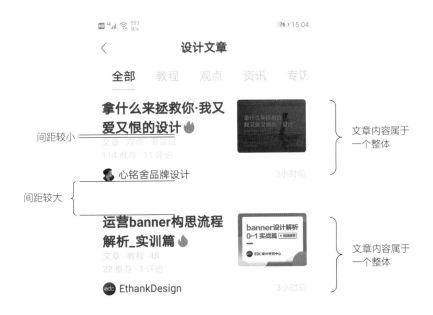

图5-8　内容间距

APP界面设计与实战

第1章

第2章

第3章

第4章

第5章

第6章

5.2.4 内容布局

这里仅介绍 APP 设计中最常用的两种内容布局，即列表式布局与卡片式布局，至于其他由设计师自行设计的内容布局不在这里讲述。

1. 列表式布局

列表式布局方式的特点在于能够在有限的屏幕内显示多条信息，用户通过上下滑动屏幕获得更多信息，如图 5-9 所示。

采用列表式布局时需要注意列表高度，一般的舒适体验的最小高度为 80px，最大高度根据产品内容多少而定。

2. 卡片式布局

卡片式布局的特点在于每张卡片的内容和形式都可以相互独立，可以在同一个页面中出现不同的卡片承载不同的内容，如图 5-10 所示。

一般地，采用卡片式布局的卡片本身是白色，而卡片与卡片之间的颜色为浅灰色或其他颜色，使得卡片之间有一定的层次划分。

图 5-9　微信"订阅号"页面列表式布局　　图 5-10　淘宝"必买清单"版块卡片式布局

5.2.5 常用颜色

由于篇幅所限，这里不再讲解有关 APP 产品如何选择主色和辅色的思路和方法，仅给出工作中常用的颜色及其应用环境，具体见表 5-8。

表5-8　常用颜色

分　类	色　值	示例 / 说明
主　色	根据产品需要而定	根据产品情况而定，一般为 1 个主色，最多不超过 3 个
辅助色	根据产品需要而定	根据主色进行搭配，一般为 2 个
通用色	#ffffff	（纯白色）
	#333333	（文字黑色）用于重要的文字标题
	#666666	（文字深灰色）用于普通的段落信息
	#999999	（文字浅灰色）用于辅助、次要的文字信息
	#fafafa	（背景浅灰色）用于内容区域底色
	#f2f2f2	（背景深灰色）
	#dddddd	（边框浅灰色）
	#cccccc	（边框深灰色）

5.3 APP项目实战——"UI社"APP产品设计与实现

本节以"UI 社"APP 项目实战的形式，向读者讲解 APP 产品在产品分析与设计阶段，从无到有的过程，所涉及的新知识采用边讲边练的形式进行讲解，对于之前已经介绍过的知识采取巩固要点的形式讲述。

5.3.1 产品定位与背景简要分析

1. 市场背景分析

随着互联网和移动终端的快速发展，获取知识的渠道变得越来越宽泛，对某个专业的学习交流类 APP 的市场需求日益增多的环境下，该类 APP 逐渐步入人们的视线。

经过前期调研，在国内 UI 设计领域，设计师的知识获取渠道有 50% 或更多从网络获取，但国内目前针对 UI 设计师的专业学习和分享平台有限，而且并非所有平台都有移动端 APP。鉴于当前的市场分析可知，针对 UI 设计领域设计完善一套移动端学习交流类 APP 将具有良好的市场应用前景。

2. 目标用户与优势

"UI 社"的目标定位是在职的 UI 设计师、高校设计类专业学生，以及设计方面的爱好者。产品拟采用独创的引流模式和精准的切入点，在满足上游商家效益需求的同时，解决下游用户接入服务不便捷的痛点。

3. 产品介绍

"UI 社" APP 是一款设计师学习和交流的移动端平台。在该平台中，用户能够获取有关设计类新闻资讯、学习有关 UI 设计的知识、关注设计师的作品并交流学习心得、参加比赛、发布招聘信息等。

4. 盈利模式

"UI 社"秉承"向下游用户免费，向上游商家收费"的原则，盈利模式主要有：商家发布信息的佣金和广告收入，以及独家版权资源收费。

5.3.2 竞品分析

在对产品有了明确的定位后，还需要对现有市场中有竞争关系的同类产品进行分析，做到知己知彼，百战不殆，这也是 UI 设计师必备的基础技能之一。

竞品是指竞争对手的产品，竞品分析顾名思义，就是对竞争对手的产品进行比较分析。通过竞品分析环节，能够让设计师了解竞品的交互设计、视觉设计和功能设计等多方面的内容，从而有针对性地改进自身产品，实现产品迭代和不断优化。

特别需要说明的是，在产品开发的不同阶段，竞品分析的目的是不一样的。产品酝酿初期，竞品分析主要是为了实现宏观层面的差异化，求同存异；在产品设计阶段，竞品分析主要是为了避免闭门造车，除了提炼竞争对手的部分设计，还也应该对本公司产品提出差异性的改进意见；产品上线后，竞品分析更侧重于市场运营的差异化，以及为了产品迭代，预测产品未来可能的发展走向。

综上所述，无论何种阶段参与竞品分析过程的分析者，都应该客观中立、不偏不倚，在客观的立场上观察对象，记录所有信息，并推测竞品及其构成的群体（市场）未来的趋势，为本公司现有产品或未来产品提供佐证依据。

竞品分析的一般步骤如图 5-11 所示，本例中由于 APP 产品处于设计初级阶段，为了更好地规划产品功能，这里以示例形式边讲解边分析，简要地对同类型 APP 产品进行竞品分析。

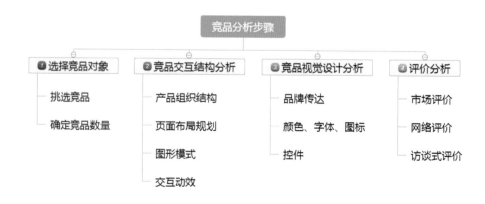

图 5-11 竞品分析的一般步骤

1. 选择竞品对象

竞品对象包含三大类，即直接竞品、相关竞品和关联产品，而每种类别分析的侧重点也有差异。

◎ 直接竞品：是指市场上直接的竞争对手，需要持续关注和分析。

◎ 相关竞品：是指相关行业中的产品，通过分析可以获取灵感。

◎ 关联产品：是指具有某种潜在联系的产品，通过分析可以让设计师从宏观了解整个市场的设计趋势。

这里以"UI社"为例，举例说明三类竞品对象的关系，如图5-12所示。公司待开发的"UI社"是一款设计类交流学习平台，现有市场上与其直接相关的APP产品有"站酷"和"花瓣"，而同类型的室内设计或设计交流产品有"设计君""酷家乐设计师"和"堆糖"等，则可以当作相关竞品。对于关联度不太大的海报生成和社交产品"图曰"，这里作为关联产品。

图 5-12　三类竞品对象的关系（以"UI 社"为例）

综上所述，在挑选竞品时，通常只需要在应用市场里选择直接竞品中排名前几位的产品来分析即可，对于个别优秀的相关竞品和关联产品，可以作为辅助参考。总之，分析直接竞品是重中之重，而且所有竞品数量不在多，而在质优。

2. 结构与交互分析

在对竞品结构分析方面，主要从产品架构、页面布局、图形模式和交互动效这4个大视角进行分析。

（1）产品架构

在整理竞品的架构时，主要是从设计师的逻辑思维出发，采用脑图的方式将APP的信息架构展示出来，通过脑图的绘制可以很清晰地了解到产品的功能定位、内容定位、内容走向、核心竞争力等重要信息。在绘制脑图时，读者可以使用专业的脑图制作工具"XMind"，也可以使用轻量级在线脑图绘制工具"百度脑图"。

这里给出竞品对象"站酷"APP的产品架构，如图5-13所示。对于另一竞品对象"花瓣"APP的产品架构，鉴于篇幅所限这里不再展示。

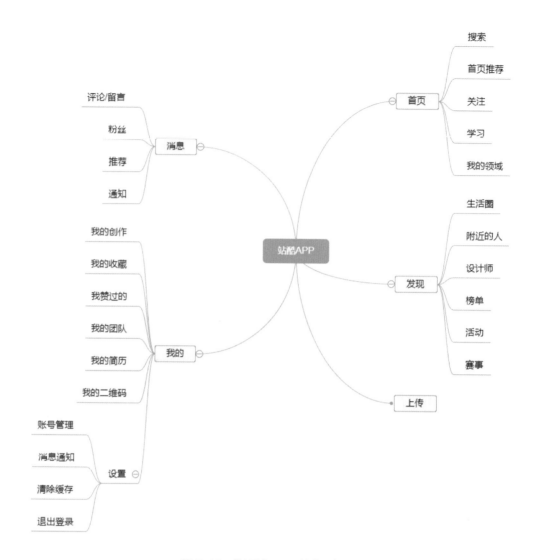

图 5-13 "站酷"APP 的产品架构

正如图 5-13 所示，设计师通过脑图可以非常完整地看到"站酷"APP 的所有功能模块，从而对这个产品有了新的认知和定位。

（2）页面布局分析

在熟悉竞品对象的架构之后，分析者需要更深入地从某些重要的页面进行深入分析，具体分析不同模块下内容是如何布局规划的，从而给自己公司的产品带来灵感和启发。

这里以"站酷"APP 首页为例，通过仔细观察可以发现，每一个功能模块所承载的内容都很清晰，产品的栏目清晰，内容导航可以快速找到并定位，示意图如图 5-14 所示。

（3）图形模式

对"站酷"APP 其他页面进行提炼，发现其他版块中图文混排模式具有相同的规律可循，很好地培养了用户潜意识认知，此类组件化图形模式非常值得借鉴和使用，示意图如图 5-15 所示。

图 5-14 "站酷"APP 首页布局分析示意图　　　　　图 5-15　图形模式

大图模式

文章标题

文章分类

作者与发布时间　　小图模式

文章标题

文章分类

作者与发布时间

APP界面设计与实战

第1章

第2章

第3章

第4章

第5章

第6章

（4）交互动效

　　交互动效是指页面跳转时炫酷的动态效果，通常前期使用 Adobe After Effects CC 制作动效，后期再让程序员用代码实现动态效果。优秀的动效设计可以让产品的用户体验锦上添花，但不能为了增加动效而添加效果，它一定是无感知和恰到好处的设计。

　　本例中，"站酷"APP 页面之间的交互效果均为常见的左右滑动效果，没有特殊的动效，为此这里不再进行列举对比。

　　3．视觉分析

　　视觉分析可以给设计师带来大量的灵感和方向，这里建议从视觉性格、品牌、字体、图标这 5 个方面对竞品对象进行分析。

　　（1）视觉性格

　　产品本身的定位直接决定了产品在视觉方面的性格。例如，旅游类产品的性格是自由的、张扬的；金融类产品则是严谨的、商务的。正确的定位视觉性格，可以让用户对产品更加有亲切感和融入感，从而增加用户满意度和用户黏性。

（2）品牌

一个好的产品设计会将品牌融入其中，让产品在传达内容的同时也不断传达产品形象，起到潜移默化地在用户心中塑造品牌形象的作用。

（3）颜色

颜色的提炼是可为整个产品定下基调，任何界面上的设计都需要考虑到颜色的使用。在颜色分析中，要对颜色来源和原因、使用规则和频次进行记录。本例中"站酷"APP 的一级品牌色为"黄色"和"黑色"，主要用于标志；二级颜色为"灰色"和黑色主要用于按钮、标题和正文文字。

（4）字体

字体分析主要是对各级页面中字体使用层级规范进行分析。例如，导航标题文字使用36px 的字号，内容标题使用 32px 或 30px 的字号；导航链接文字使用 28px 的字号等。

虽然在设计产品时，有具体的字体使用规范，但分析竞品对象的字体规范，可以更好地规划将要设计的产品，从开发的角度来讲还可以更有助于协同工作开发。

（5）图标

图标是产品设计的灵魂，一个好的图标设计直接赋予产品灵气和辨识度。因此，UI 设计师需要在图标设计上新增加独一性和趣味性。

对于竞品对象的图标，主要从功能性、使用性、识别性、美观性等不同的维度出发，逐一排列观察，如图 5-16 和图 5-17 所示。

图 5-16 "站酷"APP 启动图标与首页底部图标

图 5-17 "花瓣"APP 启动图标与首页底部图标

通过上述多个维度的观察和分析，已经对竞品对象有了深入了解，这里提炼总结了两款竞品对象的差异，详见表 5-9。

表5-9 竞品对象的差异

产品名称		
产品定位	设计师互动交流平台，主要为专业设计师、插画师、摄影师、高校学生，以及设计创意爱好者等提供艺术创作、创意交流、时尚文化等多方面的知识交流与资源共享	设计师寻找灵感的地方，用户可以在该平台中发现感兴趣的事物，或者分享自己的灵感

产 品 名 称		
功能对比	内容推送、搜索、发现（生活圈）、发现（设计师）、发现（活动）、发现（赛事）、发现（职位）、上传发布、评论、粉丝、通知、关注、个人设置、个人创作、收藏	内容推送、搜索、发现、采集、个人画板、上传发布、内容分类、个人动态、个人设置、私信、关注
小结	① 从两款产品的框架结构来看，有相似之处，也各有侧重，"站酷"首页中"发布"功能非常突出，但在"花瓣"应用中需要进入"我的"页面再进行操作； ② UI 界面方面，风格协调统一，都具有标准化的图形模式； ③ 标志方面，站酷首页底部按钮有文字说明，而花瓣首页底部仅有图形； ④ 两款产品整个操作逻辑性非常简洁，可以让绝大多数用户使用起来没有学习成本	

4. 评价分析

评价分析主要从第三方用户的角度分析竞品对象当前在市场上的各类评价。这里获取评价信息的方式有 3 种：

① 从 APP 上架的应用市场获取评价（主要是 iOS 应用市场和安卓应用市场）；

② 从网络平台获取评价；

③ 采取线下访谈的形式，获取用户的评价。

无论哪种获取评价信息的渠道，都应该分辨出哪些是有效评价，并对有效评价的关键点进行详细记录，以便后期帮助设计师整理产品设计思路。

5.3.3 "UI 社"产品架构梳理

通过上述对竞品的详细分析，产品经理应该对"UI 社"APP 产品的功能需求有明确构思，UI 设计师应该对 APP 产品的主体颜色、图标和版式等视觉设计有清晰设想。

经过深思熟虑，产品经理给出"UI 社"产品功能架构初稿。随后，邀请甲方代表、UI 设计师和后台工程师等人员对产品功能需求进一步讨论、细化。经过多次开会评审后，"UI 社"产品功能架构定稿，如图 5-18 所示。

待架构确定后，择期再次邀请甲方代表，以及 APP 开发团队中的各个部门召开产品立项会议。会上，开发团队的各个部门估算产品开发每个环节的大致周期，并签订相关协议，与此同时后期推广部门则可以根据开发周期提前准备线上广告投放和线下推广等事宜，这样多个部门协同工作，才有可能保证 APP 产品如期交付并顺利推广。

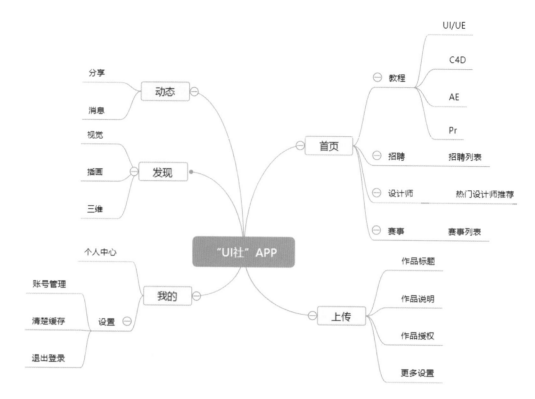

图 5-18 "UI 社"产品功能架构（部分）

5.3.4 绘制低保真原型图

在产品实际开发中，低保真原型图并不是一次性全部绘制完成，而是根据产品架构先绘制几个主干页面，然后让 UI 设计师先行设计页面效果，之后再绘制其他页面的低保真原型图。

UI 社低保真原型图

本文不再对低保真原型图绘制过程加以描述，这里直接给出"UI 社"APP 的部分低保真示意图，如图 5-19 ~ 图 5-24 所示，其他页面的低保真原型图请读者查看源文件，或扫描二维码查看效果图。

图 5-19　引导页低保真原型图

图 5-20　登录页低保真原型图

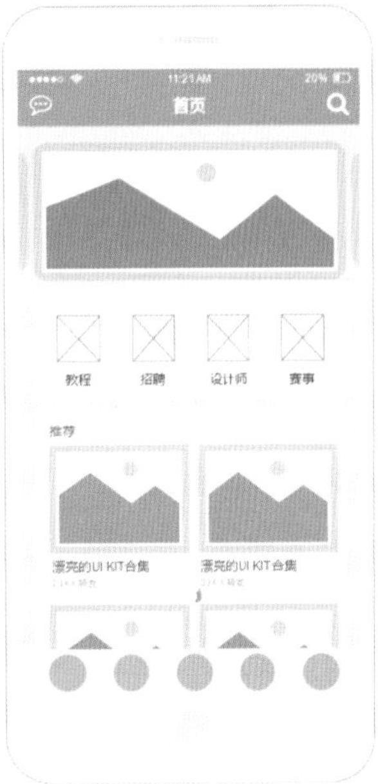

图 5-21　首页低保真原型图

图 5-22　动态页低保真原型图

图 5-23　上传页低保真原型图

图 5-24　发现页低保真原型图

5.3.5　"UI 社" APP 的视觉规范

有了低保真原型图，UI 设计师就可以开始着手进行创意制作了。但在着手制作之前，UI 设计师应该对整个 APP 的视觉设计进行规范，从而实现整个产品风格统一的效果。

1.　颜色规范

根据产品定位确定本产品的主色与辅色，如图 5-25 和图 5-26 所示。主色用于大面积背景色，重要级别的文字颜色；辅色则根据视觉效果小面积使用。约定颜色"#cccccc（浅灰色）"用于按钮边框，约定颜色"#999999（中度灰）"用于辅助、次要的文字信息。

图 5-25　主色　　　　　图 5-26　辅色

2. 字体规范

设计稿中，字体选择"苹方"，具体字号大小与应用环境见表 5-10。

表5-10　"UI社"字体规范

字　号	使用场景
36px	用在少数极重要的标题（每页顶部文字一级标题）
32px	用在一些较为重要的文字标题或按钮（每页顶部文字二级标题，以及区块标题）
28px	用在绝大多数文字（段落文字，以及区域文字中的标题）
24px	用于辅助性文字（文章作者辅助类信息）
22px	用于辅助性文字（转发点赞）

3. 模块规范

在产品开发中，模块之间通过留白进行区分，具体示意图如图 5-27 所示。

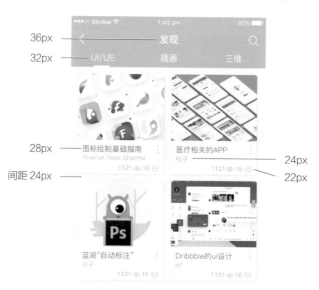

图 5-27　模块规范

上述针对"UI 社"APP 产品的多种规范仅是实际工作中的一部分，UI 设计师还可以对全局的公共组件、按钮和各类图标加以规范说明。总之，在制作效果图之前一定要把规范罗列清楚，这样在制作时才能做到心中有数。

此外，在实际制作过程中，虽然有了视觉规范，但设计师很可能遇到按照规范设计出的界面视觉效果不满意的情况，那么这个时候就要反过来更新视觉规范，但这种更新视觉规范的力度仅仅是局部修改，而绝非推倒重来。

5.3.6　APP 产品启动图标的制作

启动图标具有信息传达和提升美感的重要作用，这里以"UI 社"产品名称中"UI"字符作为设计元素进行二次创意设计，其效果图如图 5-28 所示。

图 5-28　"UI 社"
启动图标

5.3.7　"引导页"效果图制作

在所有准备工作完成的前提下，可以对各个页面进行制作。在实际工作中，UI 设计师通常按照低保真原型图的布局规划设想，根据 APP 产品颜色的设定，结合相关设计规范进行创意设计。在优先设计哪个页面方面也有侧重，一般的 UI 设计师会预先设计 APP 首页，以及其主模块旗下的页面，设计完成后可以提前交给程序员进行界面功能的实现，这样多个部门同时进行工作，能够节约成本。

为了让读者以清晰的逻辑顺序掌握相关知识，这里以用户使用 APP 的角度，从引导页开始选取"UI 社"APP 产品中有特点的页面进行讲解与要点提示，至于页面的制作要点请读者扫描二维码获取更多内容。

引导页效果图制作

图 5-29 所示的是三幅引导页中的最后一幅，需要读者注意的细节已经在效果图中指出。

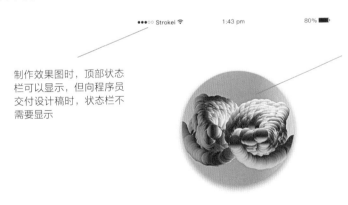

制作效果图时，顶部状态栏可以显示，但向程序员交付设计稿时，状态栏不需要显示

由于当前引导页背景色为白色，故后期切图时可以仅把中间图样输出；如果背景为线性渐变，则后期切图时需要切 1 像素细条；如果背景为其他复杂颜色，则后期需要切整个界面

状态指示点的处理方式①：交付程序员的切图包含指示点时，后期用户滑屏时，指示点跟随切图滑动

状态指示点的处理方式②：交付程序员的切图没有指示点时，后期需要跟程序员沟通，用代码实现指示点的切换效果

图 5-29　引导页效果图

5.3.8 "登录页"效果图制作

在整个 APP 项目开发中，登录页是最初会使用逻辑判断的界面，如图 5-30 所示。当用户单击"登录"按钮后，后台需要判断当前用户是否注册、输入的用户名和密码是否正确等逻辑关系，所以当出现非法登录时，所对应的反馈信息也是 UI 设计师需要进行设计的页面，所以由登录页延伸出来的"忘记密码"页面、"注册"页面，以及提示错误信息时各种状态，设计师都需要考虑，这里由于篇幅所限不再制作额外状态的页面。

登录页的制作

5.3.9 "首页"效果图制作

在设计首页时，切记不要将产品拟开发的诸多功能都放入首页，这样会使首页没有层次感，用户体验效果非常差，而应该挑选产品主要的功能进行入口设计，通过二级页面引导用户向下一个流程操作，如图 5-31 所示。

图 5-30　登录页效果图

左右轮播图

4 个主要功能模块入口，对应的图标这里采用 MBE 风格进行设计，建议使用 Illustrator 绘制图标，然后再导入到 Photoshop 中

图文混排模块中的各个元素均根据设计师创意思路进行

底部图标制作时需要制作两种状态。图标大小在 @2x 环境下，最小不能低于 44px，最大没有特殊限制，但不能超越底部标签栏高度

首页的制作

图 5-31　登录页效果图

总的来说，首页的设计非常重要，无论何种排版方式都是为了满足用户和产品需求，让内容更好地传达给用户。作为 UI 设计师应该在具体的设计过程中大量尝试，打磨细节。

5.3.10 "发现页"效果图制作

根据产品规划，"发现页"是系统按照预先的版块分类，向用户推荐各类优秀文章的入口，如图 5-32 所示。

版面中所有元素的位置均由设计师自主设计，例如图文版块中文字标题与上方图像的距离，只要全局统一即可，并无特殊规定，这里设置为 20px

二级页面的分类标题字号要略小于版块主标题，这里主标题设置为 36px，版块标题设置为 34px

文字与灰色分割线按照设计规范中的颜色数值规范制作即可

用户单击"加号"即可添加手机内部存储中的图像

图 5-32 "发现页"效果图

图 5-33 "上传页"效果图

第1章

第2章

第3章

第4章

第5章

第6章

APP界面设计与实战

5.3.11 "上传页"效果图制作

根据产品规划，"发现页"是为用户提供发布自己作品或感想的版块，如图 5-33 所示。

5.3.12 "动态页"与"动态详情页"效果图制作

根据产品规划，"动态页"是优秀设计师与普通用户分享观点的入口。用户可以在"动态页"入口内部，查看别人分享的感受或作品内容，如图 5-34 所示。

动态页与动态
详情页效果图制作

头像的直径需要全局统一，并且头像距离当前版块的顶部和左侧距离要保证统一，这里均留出30px

用户发表的文字内容和版块归类这种辅助信息，应该属于一个整体。在设计时，采用距离空隙的远近来区分。例如，这里文字内容与辅助信息垂直距离为12px，下方配图与辅助信息垂直距离为24px

头像与配套文字间的距离要全局统一，后期在标注时会非常方便。

由于最初规划时，全局采用4的倍数进行设计，所以这里头像与文字间的距离可以设置为12px、16px和20px等，只要版面协调美观即可

配图大小并无硬性规定，建议按照一定比例进行设计，例如宽高比为2：1或16：9等，这样做主要是为后台图片管理带来方便

图 5-34 "动态页"效果图

当用户单击分享的内容后，页面跳转至"动态详情页"，如图 5-35 所示。

其他用户查看作者分享的感想或作品后，可以进行评论。其他用户可以添加作者为好友，也可以添加评论者为好友

当作者的配图大于1幅时，系统自动按照1：1的比例抓取图像缩略图，并将第一幅作为主图推荐。整个版面类似于QQ空间发布的说说

图 5-35 "动态详情页"效果图

5.3.13 "我的页"效果图制作

根据产品规划，"我的页"是查看用户自己在当前平台中的个人信息的入口，如图 5-36 所示。

图 5-36 "我的页"效果图

5.3.14　其他页面效果图

从上述部分界面讲解过程来看，整个 APP 产品的 UI 设计重点在于设计规范的前期准备、每个版面的布局构成，以及页面中涉及的多种图标的制作，置于版面中文字、线框、图形等元素，只要按照设计规范来制作即可，难度并不大。图 5-37、图 5-38 所示的是其他非主要页面中的部分效果，更多的页面效果请扫描二维码。至此，整个 APP 产品的 UI 设计全部完成，剩余的就是将每个页面进行标注，并对图标和某些必要的元素进行切图输出。

图 5-37　"设计师"模块效果图

图 5-38　"设计师详情"效果图

UI 社 APP
多页展示

5.4 学习反思

【思考】

1. ppi是什么？它的计算公式是什么？

2. 简述物理分辨率与逻辑分辨率的关系。

3. 概述dip与dp的区别。

4. APP设计中常见的内容布局有哪些？举例说明。

5. 什么是竞品分析？概述竞品分析的主要流程。

【动手】

"Music"APP产品是一款基于音乐的社交类APP，所包含的功能十分简单，用户通过搜索附近的歌友或歌单来相互交流，其登录页、首页、菜单页、歌单页、歌单列表页如图5-39～图5-43所示。请读者依照效果图临摹该款APP的多个页面，页面高清效果图请查看配套素材文件。

图5-39 登录页

图5-40 首页

图 5-41　菜单页

图 5-42　歌单页

图 5-43　歌单列表页

第 6 章

标注与切图

【 本章导读 】

设计稿交付也可反映 UI 设计师的专业程度。在将设计稿交给开发工程师以前，需要对设计稿中的诸多元素进行说明标注，还需要将各类图标进行切图处理，这些工作都是为了方便工程师用代码高度还原设计稿。本章继续以"UI 社"APP 项目为例，向读者讲解标注与切图的相关知识。

【 学习目标 】

◇　了解标注的内容。

◇　掌握标注工具 Markman 的使用方法。

◇　了解切图的工作过程。

◇　掌握切图工具 Cutterman 的使用方法。

◇　掌握点 9 切图的操作方法。

需要提前说明的是，没有一款 APP 的设计稿与最终开发出来的界面完全一样。这是因为 UI 设计师用 Photoshop 绘制的效果图是理想状态的效果，而用户在移动端实际看到的界面是由程序员用代码实现的。

为了让程序员团队在拿到 UI 设计师的交付稿时（交付稿至少包含：UI 效果图、标注和切图），能快速了解页面之间的逻辑衔接关系，以及快速定位页面中诸多组件的位置、尺寸和颜色等细节设计，标注就成为必不可少的步骤，图 6-1 所示的是某页面标注的局部展示。

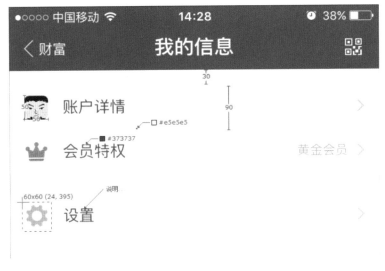

图 6-1　标注的局部展示

在交付稿件时，UI 效果图起到的作用是，让程序员参考其页面效果，对整个页面有整体把握；标注和切图的作用是，让程序员按照标注的尺寸，将切图摆放在合适的位置上，使其达到高度还原 UI 效果图的目的。所以，在实际工作中，标注一定要精确，避免出现标注误差 1px，程序员实现后误差 5px 的情况。

6.1.1　标注工具介绍

目前各类标注工具较多，在实际工作中 UI 设计师选择一款适合自己使用的即可。这里对当前工作中主流的标注工具加以简单介绍。从标注的对象来分，标注类软件大致可以分为两大类，一类是外置标注，即标注对象是输出后的 PNG 效果图；另一类是内置标注，即标注对象是 PSD 源文件。此外，相比单一的标注功能的软件，目前行业内还流行团队协同工作的工具软件，例如蓝湖，也是非常不错的选择。下面对常见的软件进行简单介绍。

1. Markman（马克鳗）

Markman 是标注业界成名最早、知名度最高的软件，如图 6-2 所示。该软件支持 PSD、PNG、BMP、JPG 格式；能够在标记处定制右键菜单；可以修改标注的颜色、大小等格式；该软件早期用户可以免费使用，现今，基础功能免费使用，高级功能需要付费。

2. Assistor PS

Assistor PS 是一款独立的 Photoshop 标注与切图插件，如图 6-3 所示。该插件可以独立运行，在 Photoshop 中选中图层后，即可使用；它能够轻松创建标记文档，一键导出图层，还能够快速进行单位数值转换。

3. 蓝湖

蓝湖是一款设计图共享平台，如图 6-4 所示。蓝湖可以帮助互联网团队管理设计图，可以自动生成标注，与团队共享设计图，展示页面之间的跳转关系。

蓝湖可以适用于多个岗位，可以帮助产品经理在开发前规避问题；可以帮助 UI 设计师分类管理设计图，并自动标注，生成多倍数、多格式的切图；可以帮助工程师自动生成 CSS、iOS 和 Android 样式代码等。

图 6-2　Markman（马克鳗）　　　图 6-3　Assistor PS　　　图 6-4　蓝湖

6.1.2　Markman（马克鳗）的使用方法

虽然标注软件很多，但为了让读者亲自体验手动标注的过程，这里以 Markman 为例向读者介绍标注的方法，待读者能够熟练标注后再选用其他适合自己的软件。

马克鳗的使用方法

从官方网站上下载正版 Markman（马克鳗）并安装，启动后的主界面如图 6-5 所示。

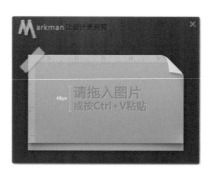

图 6-5　Markman 启动界面

1. 打开被标记文档

使用 Markman 标记文档时，只需将文档拖入软件的启动界面中即可，如图 6-6 所示。这里有两种操作方式：① 直接将输出的 PNG 格式高保真效果图拖入启动界面，这时仅能在效果图上进行标注，如果发现元素错位则无法处理；② 在 Markman 和 Photoshop 同时开启的状态下，将 PSD 源文件分别拖入 Markman 和 Photoshop 中，在 Markman 中如果发现元素错位,只需在 Photoshop 中修改对应的 PSD 文件,保存后 Markman 就会自动更新效果图。

图 6-6　Markman 主界面

2. 标记长度

在主界面底部按下"长度标记"按钮,此时鼠标变为标记状态。用户可以横向、垂直标记和测量元素的长度,如图 6-7 所示。此外,按住【Ctrl】键时还能够自动探测元素的边缘,并自动调整标注线自身的长度。

3. 标记坐标与区域

按下"坐标标记"按钮,鼠标指针变为"+"。在图中单击一下,即可显示当前坐标的位置信息,若单击后拖曳一定距离,则自动标记框选区域的长宽信息,如图 6-8 所示。

图 6-7　标记长度

图 6-8　标记坐标与区域

4. 标记颜色

按下"颜色标记"按钮,鼠标指针变为指向状态。鼠标指针在效果图中移动时,软件会自动读取当前鼠标指针所在位置的颜色值,如图 6-9 所示。

5. 标记文字内容

按下"文字标记"按钮,鼠标指针变为指向状态。将鼠标指针指向效果图中需要进行文字说明的地方,单击后即可书写内容,如图 6-10 所示。

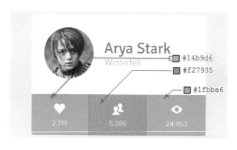

图 6-9　标记颜色　　　　　　　　图 6-10　标记文字内容

6.1.3　标注哪些信息

前面已经讲解过 Markman 的基本用法，而在实际工作中面对效果图中的各类元素或组件时又该怎么标注呢？哪些内容是需要标注的，哪些内容又是不需要标注，有许多工作经验和细节需要学习。这里根据工作规范和经验进行总结，所有标注主要从字体、间距、尺寸和颜色这 4 个方面进行标注，具体内容如图 6-11 所示。

图 6-11　标注的内容

在实际标注时会发现，由于页面上存在的标注信息太多，很容易造成阅读上的困难，这里结合工作经验给出几点建议，以方便读者在标注时能够将信息传递得更加明确。

① 将同类标注信息摆放在一起，让人一目了然。

② 标注时所用的颜色要与背景色有区分。

③ 标注与图像本身需要预留一定间隔，以不扰乱页面图像本身为原则。

④ 相同的局部模块结构，标注一次即可，切勿重复标注。

⑤ 为避免漏标，建议按照标注内容的类别自上而下进行标注。比如，先标注间距，待当前页面所有间距标注完成后，再自上而下标注字体和颜色，如此往复。

⑥ 对于初学者，宁可多标注，也不要遗漏标注，待积累一定经验后，再自行调整。

6.1.4　"UI 社" APP 项目"引导页"标注

同时打开 Markman 和 Photoshop 两款软件，并将"引导页"PSD 源文件分别拖放至上述两款软件中。

在 Markman 环境下，按照之前讲解标注的顺序依次自上而下进行标注，如果发现标注时显示的尺寸有细微差别，此时可以切换回 Photoshop 中对源文件细微调整，待保存后 Markman 会自动更新。这里为了让读者看清楚标注细节，选择第三幅引导页下方主要区域进行展示，如图 6-12 所示。更多标注讲解，请扫描二维码观看视频。

引导页标注

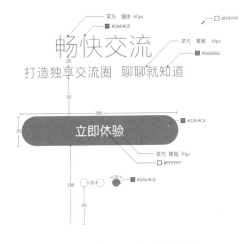

图 6-12 "引导页"标注（局部展示）

6.1.5 "UI 社"APP 项目"登录页"标注

在标注"登录页"过程中，部分组件是自适应的设计，即组件宽度会根据机型不同自动适配，此时就不能对组件的宽高都进行标注，仅标注该组件与参考对象间的距离即可，如图 6-13 所示，更多标注讲解，请扫描二维码观看视频。

登录页标注

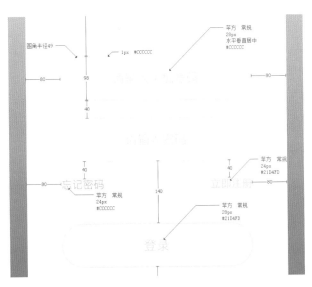

图 6-13 "登录页"标注（局部展示）

6.1.6 "UI 社" APP 项目"首页"标注

由于"首页"是软件多类功能的入口，所以"首页"必定包含各类图标。在"首页"中部包含 4 个图标按钮，如图 6-14 所示。在标注图标时需要注意，图标本身后期需要单独切图输出，而图标下方的文字是程序员输入进去的，所以这里仅需标明文字距上方图标的距离即可。对于整个图标来讲，需要标出图标与当前区块背景之间上边距和左右边距，图标之间的距离水平均分即可，所以无需标注图标与图标水平方向的距离。

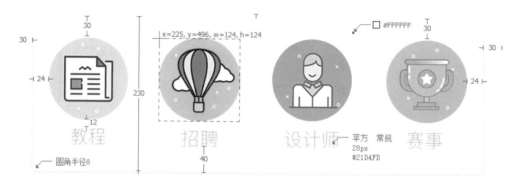

图 6-14 "首页"中部图标的标注

底部标签栏的图标的距离为水平方向均分，所以只需标注两侧图标与左右边缘的距离，剩余图标均分即可，如图 6-15 所示。

图 6-15 标签栏的标注

6.1.7 "UI 社" APP 项目"教程列表页"标注

在一个 APP 产品中，有许多页面布局相同的区域模块，那么在标注时并非需要每页都进行标注，例如图 6-16 所示的"教程功能列表页"，在其他模块内部也存在同类型的布局，此时仅需标注当前页面即可。

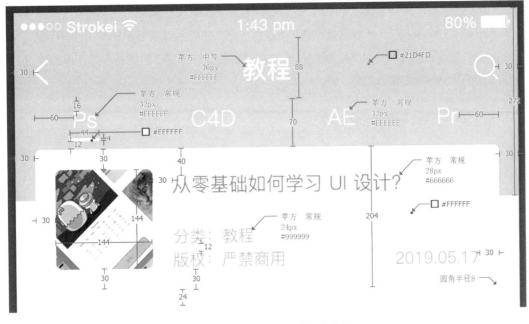

图 6-16 "教程功能列表页"标注

6.2 切图

6.2.1 切图概述

1. 切图的概念

切图是指 UI 设计师通过第三方软件将 PSD 源文件中后期需要的素材进行输出的过程。此外，切图资源输出是否规范将直接影响到程序开发对设计效果的还原度。适合、精准的切图可以最大程度还原设计图稿，起到事半功倍的效果。

2. 效果图中需要切哪些图

对于 APP 成套的效果图而言，页面中有些内容需要输出为图片素材供程序开发使用，有些内容直接标注后，程序开发可以使用代码实现，这里根据工作经验总结出以下必须进行切图的内容。

（1）APP 各个页面中所有的 Icon 图标。

（2）页面中特殊的形状，例如梯形、三角形等不规则形状，因为程序开发无法用代码实现这些形状的外观。

（3）渐变色块。

◎ 水平或垂直的线性渐变：可以切图也可以不切图，因为程序开发可以实现简单的渐变色。如果需要切图，只需切图包含所有颜色的 1px 宽度即可，交付程序开发后可以通过代码横向平铺或纵向平铺实现渐变，例如 APP 中整个页面的渐变背景。

◎ 带有角度的渐变色块：需要整体切图。例如，渐变角度为 45°的渐变。

标注与切图

第1章

第2章

第3章

第4章

第5章

第6章

135

（4）特殊文字需要切图。例如某个页面中为了设计美观，某一个文字应用了除苹方字体以外的其他字体，则该区域需要切图。因为，APP 在最后封装打包时会将所用到的字体进行打包，为了压缩 APP 体积，程序员不会将仅应用于一个文字的其他字体库也封装进去。所以，对于此类情况需要切图。

6.2.2　图片资源命名规范

无论是 iOS 还是 Android 平台，良好的图片资源命名规范可以推动产品经理、UI 设计师和程序开发等团队成员协同工作，极大地减少不必要的沟通和重复切图的概率。

命名规范大致可以分为两种，一种是通用类型的切图，另一种是某个模块特有的切图。

◎ 通用类型的切图命名格式为：组件 _ 类别 _ 功能 _ 状态 @2x.png

tabbar_icon_home_default@2x.png

标签栏 _ 图标 _ 主页 _ 默认 @2x.png

◎ 模块特有的切图命名格式为：模块 _ 类别 _ 功能 _ 状态 @2x.png

mail_icon_search_pressed@2x.png

邮件 _ 图标 _ 搜索 _ 按下 @2x.png

在实际工作中，UI 设计师需要根据当前项目的命名规范执行，这里仅做通识类讲解。此外，APP 中常见的全局界面类、系统组件类、功能类和资源类所对应的英文详见表 6-1。

表6-1　常见APP元件中英文对照表

全局界面类		系统组件类		功能类		资源类	
APP	整个主程序	Status bar	状态栏	Default	默认	Icon	图标
Home	首页	Navigation bar	导航栏	Cancel	取消	Tab	标签
Software	软件	Tab bar	标签栏	Close	关闭	Line	线条
Find	发现	Tool bar	工具栏	Refresh	刷新	Progress	进度条
Personal center	个人中心	Search bar	搜索框	Loading	加载	List	列表
Search results	搜索结果	Switch	开关	Send	发送	Scroll	滚动条
Settings	设置	Sliders	滑杆	Select	选择	Combo	下拉框
Activity	活动	Edit menu	编辑菜单	Pause	暂停	Radio	单选按钮
Contacts	联系人	Alert view	提醒视图	Continue	继续	Checkbos	复选框

6.2.3　切图工具——Cutterman

市面上能够切图的工具很多，这里以经典的 Cutterman 为例向读者讲解如何进行切图。Cutterman 其实是一款运行在 Photoshop 中的插件，它能够自动将用户需要的图层输出，以替代传统的手工"导出 Web 所用格式"进行逐个切图的烦琐流程。它支持各种各样的图片尺寸、格式、形态输出，方便、快捷，易于上手。

Cutterman
界面介绍

1. 安装并启动 Cutterman

在 Cutterman 的官方网站下载该插件，安装环境要求 Photoshop 的版本在 CC2014 以上。

安装完成后，重新启动 Photoshop，并在 Photoshop 的菜单栏中执行"窗口"→"扩展功能"→"Cutterman"命令，即可打开 Cutterman 浮动面板。

2. 使用 Cutterman

首次登录时，需要注册 Cutterman 的账号，由于该软件全部免费，所以注册和登录过程非常简单，这里不再演示。最后，登录成功后的界面如图 6-17 所示。

图 6-17　Cutterman 主界面

从图中可以看出，Cutterman 的切图主要用于 3 种场景，即面向 iOS 平台的切图、面向 Android 平台，以及面向 Web 端的切图。

该插件的操作过程十分简单，首先在 Photoshop 中选择需要切图的对象，然后在 Cutterman 面板中选择切图用于何种场景，最后单击"导出选中图层"按钮，即可完成切片图像的输出。

6.2.4　iOS 平台与 Android 平台下的切图

针对不同的平台，使用 Cutterman 进行切图的操作也有细微的差别，这里以"UI 社"APP 项目中"首页"图标为例向读者讲解。

iOS 与 Android
平台下的切图

1. iOS 的切图

在工作中，针对 iOS 的切图需要切出两套图，一套是 @2x 的 PNG 图，另一套是 @3x 的 PNG 图，由于 @1x 的 PNG 图所对应的设备较为陈旧，实际工作时 @1x 的切图基本不再输出。

① 在 Photoshop 中，按照之前讲述的图片资源命名规范，对"首页"中的图标进行重命名，如图 6-18 所示。

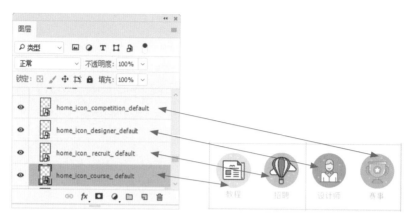

图 6-18　为图标所在图层重命名

② 同时选择这 4 个图标，在 Cutterman 的面板中选择"iOS"平台，并且选择"@2x"和"@3x"选项，最后单击"导出选中图层"按钮。

③ 经过几秒的等待，在指定文件夹生产输出图标，如图 6-19 所示。

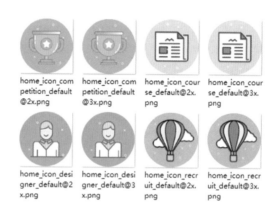

图 6-19　输出切图

④ 为了后期规范交付，工作中必须对图标进行整理，以方便程序开发使用图标。这里分别创建名为"@2x"和"@3x"的文件夹，将刚才输出的不同大小的切图分类别放置。

2. Android 的切图

在工作中，针对 Android 的切图需要切出 5 套图，即 XXXHDPI、XXHDPI、XHDPI、HDPI 和 MDPI，具体操作如下。

① 在 Photoshop 中，对图层重命名等准备工作与 iOS 平台相同。

② 同时选择这 4 个图标，在 Cutterman 的面板中选择"Android"平台，并且选择"XXXHDPI"等不同分辨率的按钮，如图 6-20 所示。

③ 最后单击"导出选中图层"按钮，经过几秒钟时间，软件会将不同分辨率的切图单独放置一个文件夹，如图 6-21 所示。向程序开发交付时，要将此处的 5 个文件夹一并交付，程序员在开发 Android 产品时，设置成由代码自行判断用户当前的分辨率，并调取对应文件夹中的切图资源。

	drawable-hdpi
	drawable-mdpi
	drawable-xhdpi
	drawable-xxhdpi
	drawable-xxxhdpi

图 6-20　选择输出多种分辨率切图　　图 6-21　针对 Android 平台多分辨率切图输出

3. 底部标签栏图标的切图处理

就本例而言，底部标签栏图标由于外观设计不同，有些图标外观方正，有些图标外观瘦长，所以如果都按照实际外观切图，则不满足实际需求，这里需要采用固定尺寸的方式进行切图。

① 在 Photoshop 中对底部标签栏图标逐个进行重命名，特别提醒的是底部标签栏图标包含两种状态，一种为默认状态，另一种为选中状态，如图 6-22 所示。

固定尺寸的切图

图 6-22　为底部标签栏图标重命名

② 根据最初的设计，标签栏图标均被规范在 44px×44px 大小的范围内，所以这里需要在 Cutterman 的面板中设置固定尺寸为 44px×44px，而对于那些宽度达不到 44px 的图标，切图后自动用空白填补。

③ 选择切图输出所对应的平台和分辨率，这里选择 iOS 平台。待所有设置完成后，单击"导出选中图层"按钮，则对应图层的图标即可快速输出。

4. 其他图标的切图处理

对于手机的触摸屏来讲，44px×44px 是人们可以有触发反馈的最小区域，所有切片出来的功能性图标应该大于等于该尺寸，而对于装饰性图标则没有尺寸的限制。

就本例而言，在"动态详情"页面中"点赞"和"分享"等小型图标需要以固定尺寸的方式进行切图，如图 6-23 所示。

图 6-23　小型图标的切图处理

至此，切图的操作基本介绍完了，读者只要按照上面所介绍的步骤对 APP 项目的多个页面逐个操作即可。

6.2.5　点 9 图

点 9 图是 Android 平台开发时用到的一种特殊格式的图片，由于此类图片后缀以".9.png"结尾，所以称为点 9 图。

这种特有的图片格式能够告诉程序员图像中哪一个部分可以被拉伸，哪一个部分不能被拉伸，而应用点 9 图的对象能够保证在图像不模糊变形的前提下做到自适应。点 9 图常用于对话框和聊天气泡背景图片中，如图 6-24 所示。

图 6-24　聊天气泡背景需要用点 9 图

仔细观察图中聊天对话的气泡背景，从中可以看出，由于消息内容字数不同，气泡背景长度和高度会自适应缩放，而对于程序开发来讲，其实用的是一张以点 9 图的形式进行切图的背景而已。那么如何对此类图进行切图呢？下面从点 9 图的原理讲起。

1．点 9 图原理解析

图 6-25 所示的是一幅放大后的点 9 图，图中 1 ~ 4 号黑色像素点和黑色像素线是点 9 图特有的标注，正因为有了 4 个方向的黑色标注，程序开发才能让其实现自适应缩放。

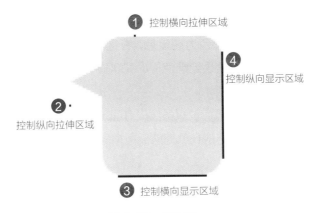

图 6-25　点 9 图

标号 1 所在位置的黑色像素点，代表着 1 像素黑点下方区域（红色标识）将跟随文字横向方向上平铺拉伸，示意图如图 6-26 所示。

标号 2 所在位置的黑色像素点，代表着 1 像素黑点右侧区域（红色标识）将跟随文字纵向方向上平铺拉伸，示意图如图 6-27 所示。

标号 3、4 所在位置的黑色线段，代表着文字在横向和纵向方向上的显示区域（斜纹区域），示意图如图 6-28 所示。

图 6-26　横向拉伸示意图

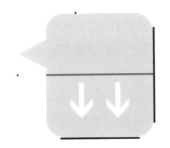

图 6-27　纵向拉伸示意图

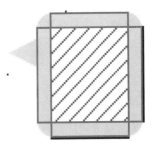

图 6-28　文字显示区域示意图

2. 点 9 图制作方法

制作点 9 图的方法很多，也有许多内嵌在 Photoshop 中的第三方插件可以使用，但在实际工作中由第三方自动输出的点 9 图应用效果不能尽如人意，这里还是建议读者采用手动切点 9 图的方式，毕竟 APP 项目中需要用到点 9 切图的情况并不是太多。具体操作如下。

点 9 图制作方法

① 在 Photoshop 中，将气泡背景中的重复部分用"选区工具"尽可能多地删除，如图 6-29 所示。

图 6-29　删除气泡背景重复部分

② 使用"裁切工具"，将画布调整为上下左右各留出 1 像素的距离。

③ 使用"铅笔工具"，选择颜色为纯黑色，在顶部和左侧画 1 像素点。需要特别说明的是，1 像素黑点或黑线段，必须是纯黑色（# 000000），不能有任何不透明和杂色效果，否则后期程序识别不出点 9 图。

在顶部绘制 1 像素黑点时，黑点位置虽然没有固定要求，但不能绘制在圆角区域；在左侧绘制 1 像素黑点时，黑点位置不能在气泡的三角指向位置，如图 6-30 所示。

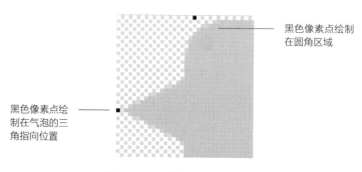

黑色像素点绘制在圆角区域

黑色像素点绘制在气泡的三角指向位置

图 6-30　1 像素黑点错误示范

④ 正确绘制顶部和左侧黑点后，再使用"铅笔工具"，在右侧和下部绘制文字显示的范围。特别提醒的是，绘制 1 像素细线时，不要绘制在圆角区域。

至此，气泡背景的点 9 图已经绘制完成。随后，在 Photoshop 的菜单栏中执行"文件"→"储存为"命令，将图片储存时的后缀名修改为".9.png"即可。

6.3 学习反思

【思考】

1. 在对页面进行标注时，哪些内容是需要标注的，哪些内容又是不需要标注？

2. 口述标注时的工作经验。

3. 切图的作用是什么？ APP 的页面中哪些元素是需要切图的？

4. 对于切图操作而言，iOS 平台与 Android 平台有什么不同？

5. 什么是点 9 图？ 适用于哪个平台？

【动手】

请在自己手机中打开 QQ 音乐或其他 APP 应用，选择适当的页面将其截图，如图 6-31 所示。然后将该图片放入 Markman 中，使用"长度标记"工具，对页面中各组件元素进行标注。

图 6-31　QQ 音乐首页